秘鲁外海茎柔鱼资源渔场研究

陈新军　陆化杰　徐　冰　胡振明　易　倩　著

科 学 出 版 社

北　京

内 容 简 介

茎柔鱼是世界上最主要的头足类资源之一，为可持续开发和利用茎柔鱼资源，了解其资源变化规律，需要对茎柔鱼渔场分布、资源量变化与海洋环境变化的关系等方面进行深入研究。本书共分 7 章：第 1 章为绪论，介绍环境变化对头足类资源渔场影响研究进展，茎柔鱼资源开发及其栖息环境；第 2 章对不同海域茎柔鱼栖息环境进行分析；第 3 章对秘鲁外海茎柔鱼渔场时空分布进行分析；第 4 章分析厄尔尼诺事件和拉尼娜事件对秘鲁外海茎柔鱼渔场分布的影响；第 5 章利用栖息地适宜指数分析秘鲁外海茎柔鱼渔场；第 6 章为海洋水温对茎柔鱼资源补充量影响的初探；第 7 章是本书结论与展望。

本书可供海洋生物、水产和渔业研究等专业的科研人员，高等院校师生及从事相关专业生产、管理的工作人员阅读和参考。

图书在版编目(CIP)数据

秘鲁外海茎柔鱼资源渔场研究 / 陈新军等著. — 北京：科学出版社，2018.11

ISBN 978-7-03-056369-9

Ⅰ. ①秘… Ⅱ. ①陈… Ⅲ. ①渔场-水产资源-研究-秘鲁 Ⅳ. ①S931.4

中国版本图书馆 CIP 数据核字（2018）第 010312 号

责任编辑：韩卫军 / 责任校对：彭　映
责任印制：罗　科 / 封面设计：墨创文化

科学出版社出版
北京东黄城根北街16 号
邮政编码：100717
http://www.sciencep.com

四川煤田地质制图印刷厂印刷
科学出版社发行　各地新华书店经销

*

2018 年 11 月第　一　版　　开本：720×1000 B5
2018 年 11 月第一次印刷　　印张：8 3/4
字数：180 千字

定价：80.00 元

（如有印装质量问题，我社负责调换）

本专著出版得到国家自然科学基金项目（NSFC41476129）、“双一流”学科、上海市高峰学科Ⅰ类（水产学）的资助

前　言

茎柔鱼是重要的经济头足类，广泛分布在加利福尼亚(37°～40°N)至智利(45°～47°S)的东太平洋海域，同时也是这一海域生态系统的重要组成部分。我国于2001年开始捕捞该资源，且茎柔鱼已成为我国远洋鱿钓渔业重要捕捞对象。与其他一些重要经济头足类一样，茎柔鱼也是短生命周期种类，生活环境的变化对其资源和分布都具有十分明显的影响，且东太平洋在全球是环境较为多变的一个海域。为可持续开发和利用茎柔鱼资源，了解其资源变化规律，需要对茎柔鱼渔场分布、资源量变化与海洋环境变化的关系等方面进行深入研究。

2001年在中国远洋渔业协会鱿钓工作组的支持下，我国首次对东南太平洋秘鲁外海海域的茎柔鱼资源进行生产性调查。从2002年开始，在中国远洋渔业协会鱿钓工作组的支持下，设立了东南太平洋茎柔鱼资源生产性常规调查项目，每年采集我国在东南太平洋的茎柔鱼生产统计信息。在十多年的茎柔鱼生产过程中，上海海洋大学鱿钓课题组在农业部重大专项、国家863计划、中国远洋渔业协会资源监测计划、中国远洋渔业协会资源生产性调查等项目资助下，对秘鲁外海茎柔鱼渔场分布及其与环境的关系，以及资源补充量进行了研究，相继发表了一系列的论文，撰写有关的研究生学位论文多篇。本专著以上述课题的科研成果为基础，对秘鲁外海茎柔鱼渔场、资源分布及其与海洋环境的关系进行系统总结和归纳，全书共分为7章。本专著的初步研究成果可为秘鲁外海茎柔鱼资源的可持续开发和科学管理提供科学依据，丰富头足类学科的内容。

本专著系统性和专业性强，可供从事海洋科学、水产和渔业研究的科研人员和研究单位使用。由于时间仓促，覆盖内容广，国内同类的参考资料较少，书中难免会存在一些疏漏，望读者提出批评和指正。

本专著得到上海市高峰学科Ⅰ类(水产学)、“双一流”学科、国家自然科学基金项目(NSFC41476129)的资助。同时也得到国家远洋渔业工程技术研究中心、大洋渔业资源可持续开发省部共建教育部重点实验室的支持，以及农业部科研杰出人才及其创新团队——大洋性鱿鱼资源可持续开发的资助。

编　者

2017年7月8日

目　录

第1章 绪　论

1.1 问题提出

茎柔鱼(*Dosidicus gigas*)广泛分布在加利福尼亚(37°～40°N)至智利(45°～47°S)的东太平洋海域，是这一区域重要的经济捕捞对象。20世纪90年代以前，全球茎柔鱼产量最高为1.9×10^4t，而在90年代以后，日本和韩国等国家鱿钓船的加入导致茎柔鱼的产量急剧增加，2008年产量更是达到85.71×10^4t。此后，茎柔鱼的产量均维持较高的水平。但在整个90年代，茎柔鱼年产量波动较大，例如在1994年秘鲁外海茎柔鱼产量达到了195434t，而1998年产量却只有27471t。究其原因，可能与该海域海洋环境变化有很大的关系。

与其他一些重要经济头足类一样，茎柔鱼也是短生命周期种类，生活环境的变化对其资源和分布都具有明显的影响，且东太平洋在全球是环境较为多变的一个海域，这一区域受两个低速东边界流(秘鲁海流和加利福尼亚海流)影响，并在信风作用下引起厄尔尼诺事件和拉尼娜事件，导致上升流减弱或增强。

由于茎柔鱼在海洋生态系统中具有重要地位，南太平洋渔业管理组织已将茎柔鱼纳入管理对象。我国对这一海域的茎柔鱼资源开发始于2001年，之后作业规模不断扩大，现已将茎柔鱼纳入我国远洋鱿钓渔业的重要捕捞对象，2010年以后，茎柔鱼年产量稳定在20×10^4t以上。为了可持续开发和利用该海域的茎柔鱼资源，需要加强其渔业生物学、资源变动与评估等方面的基础研究和应用基础研究，特别是要了解和掌握茎柔鱼资源渔场年间变动规律及其原因，以便为利用和安排渔业生产提供科学依据。为此，本书通过分析厄尔尼诺和拉尼娜等大范围海洋气候变化对茎柔鱼渔场分布及资源量变化的影响，探讨导致茎柔鱼资源补充量变化的原因，以掌握其资源渔场时空变化规律，为渔情预报和渔业生产提供科学依据。

1.2 环境变化对头足类资源渔场影响研究进展

1.2.1 头足类生活习性

头足类主要由浅海性乌贼、枪乌贼、蛸类和大洋性柔鱼科组成。许多研究都显示，大多数头足类具有生命周期短(1 年左右)、生长快等特点，例如阿根廷滑柔鱼 *Illex argentinus*、太平洋褶柔鱼 *Todarodes pacificus* 和茎柔鱼 *Dosidicus gigas* 等的生命周期都在 12 个月左右，双柔鱼 *Nototodarus sloanii* 的生命周期在 11 个月左右。而且，头足类是典型的生态机会主义者，它们的种群会随着环境条件的变化而变化，当传统底层经济种类因过度捕捞资源衰退时，作为生态机会主义者的头足类，其资源因被捕食压力的减少和对食物竞争的缓解而显著增加。在整个海洋生态系统中，头足类是海洋食物网的重要组成部分，它是海洋鱼类、海鸟以及其他哺乳动物重要的食物来源，处在食物金字塔的中层。另外，头足类对环境变化极为敏感，其资源量年间变化剧烈。比如，1998 年强厄尔尼诺事件使得秘鲁茎柔鱼产量剧减到 574t(Waluda and Rodhouse，2006)。上述特性与由补充群体和剩余群体组成的传统中长期鱼类存在明显的区别(Quinn and Deriso，1999)。

1.2.2 头足类主要经济开发种地理分布及栖息环境

世界各大洋经济头足类共计 173 种，其中已开发利用的或具有潜在开发价值的约 70 种(Voss，1973)，柔鱼科数量最多，占总数量的 1/4。其次为乌贼科、枪乌贼科和蛸科。这 4 个科的产量约占世界头足类产量的 90%以上(Voss，1973)。其中，柔鱼科主要分布在世界各大洋的陆坡渔场和大陆架海区，也有分布在大洋中；枪乌贼科主要分布在太平洋和大西洋的热带、温带海区以及印度洋；乌贼科主要分布在距离大陆较远的岛屿周围和外海；蛸科主要分布在沿岸水域(周金官等，2008)。

海洋环境对头足类资源的分布影响很大，各海区头足类种类分布程度不一。主要经济头足类种类分布在西北太平洋、西南大西洋和中西太平洋等海域，表 1-1对其栖息环境进行了归纳(周金官等，2008)。

表1-1　各海域主要经济头足类种类数量及其栖息环境条件　　（单位：种）

海域	柔鱼科	乌贼科	枪乌贼科	蛸科	主要环境条件
西北太平洋	23	17	12	13	黑潮暖流、亲潮寒流、对马暖流、里曼寒流等
西南大西洋	21	—	4	14	马尔维纳斯(福克兰)海流、巴西海流
中东大西洋	21	12	5	8	加那利海流、南赤道海流、北赤道海流、上升流
中西太平洋	18	17	8	9	浅海、深海、火山、海岭
西部印度洋	20	16	5	11	季风海流、上升流
中东太平洋	18	1	4	8	秘鲁海流
东南太平洋	16	—	3	3	上升流
西南太平洋	20	3	2	4	上升流、辐合锋区

以大洋性柔鱼科为例，它主要分布在区域性的重要大洋性生态系统中，如高流速的西部边界流、大尺度沿岸上升流和大陆架海域(Roper，1983；Roper et al.，1984)。其中栖息在西部边界流和上升流附近海域的种类，资源量极大，也是目前全球气候变化对其资源影响研究的重点(Anderson and Rodhouse，2001)，典型的西南大西洋的阿根廷滑柔鱼、北太平洋的柔鱼(*Ommastrephes bartramii*)、日本周边海域的太平洋褶柔鱼和西北大西洋的滑柔鱼(*Illex illecebrosus*)均分布在西部边界流海域。西部边界流从赤道附近携带大量的热量与高纬度冷水海流相遇后，在锋面形成涡流和一些异常的水团，这种环境特征能够给鱿鱼类不同生活史阶段带来营养和合适的生存环境(O'Dor，1992；Mann and Lazier，1991)。而秘鲁寒流区域的茎柔鱼、本格拉寒流区域的好望角枪乌贼(*Loligo reynaudi*)、加利福尼亚寒流区域的乳光枪乌贼(*Loligo opalescens*)、茎柔鱼和印度洋西北部海域的鸢乌贼(*Sthenoteuthis oualaniensis*)，均分布在世界主要上升流区域，上升流将底层富含营养盐的海水输送至表层，从而为这些头足类提供丰富的营养物质(Villanueva，2000)。

这些海域独特的海洋环境为头足类提供了丰富的饵料和适宜的栖息环境，但因全球气候变化所引发的海流变动或异常，例如黑潮大弯曲、厄尔尼诺及拉尼娜事件，对头足类的生活史过程造成重大的影响(陈新军等，2010)，进而影响到来年的补充量。

1.2.3　气候变化对头足类产卵场的影响

产卵场是头足类栖息的重要场所，大量的研究表明，头足类产卵场海洋环境的适宜程度对其资源补充量极为重要(Dawe et al.，2007)，因此许多学者常常利用环境变化对产卵场的影响来解释头足类资源量的变化。

在鱿鱼类（近海枪乌贼和大洋性柔鱼类）研究方面，Dawe 等（2007）、Jacobson(2005)根据海温和北大西洋涛动(North Atlantic Oscillation，NAO)等数据，利用时间序列分析方法研究海洋气候变化对西北大西洋皮氏枪乌贼(*Loligo pealeii*)和滑柔鱼(*Illex illecebrosus*)资源的影响。结果显示，产卵场水温的变化会影响其胚胎发育、生长和补充量。Ito 等(2007)研究指出，在产卵场长枪乌贼(*Loligo bleekeri*)胚胎发育的最适水温为 12.2℃，这一研究有利于对长枪乌贼的资源量进行预测与分析。Tian(2009)根据日本海西南部 50m 水层温度和 1975～2006 年的生产渔获数据，利用 DeLury 模型和统计分析方法研究长枪乌贼资源年际变化，结果认为，20 世纪 80 年代其产卵场环境受全球气候的影响，水温由冷时代转向暖时代，造成在 20 世纪 90 年代长枪乌贼资源量下降。Arkhipkin 等(2004)根据产卵场不同水层的温度、含氧量和盐度等环境数据，利用 GAM 模型等方法对马尔维纳斯（福克兰）群岛附近的巴塔哥尼亚枪乌贼(*Loligo gahi*)资源变动进行了研究，结果显示，产卵场的盐度变化会影响巴塔哥尼亚枪乌贼的活动以及在索饵场的分布。另外，他们还发现，当产卵场水温高于 10.5℃时巴塔哥尼亚枪乌贼就会较早地洄游到索饵场。Waluda 等(1999)认为，产卵场适宜表温的变化对阿根廷滑柔鱼资源补充量具有十分重要的影响，产卵场适宜表温的变化是巴西暖流和马尔维纳斯（福克兰）海流相互配置的结果。Leta(1992)研究还发现，厄尔尼诺事件会使产卵场水温升高，盐度下降，并由此对阿根廷滑柔鱼补充量产生影响。Waluda 和 Rodhouse(2006)研究认为，9 月份产卵场适宜温度(24～28℃)与茎柔鱼资源补充量成正相关，同时厄尔尼诺和拉尼娜事件对茎柔鱼资源存在明显的影响，认为厄尔尼诺事件和拉尼娜事件会使产卵场初级和次级生产力发生变化，进而影响茎柔鱼的早期生活阶段以及成熟个体。Sakurai 等(2000)认为太平洋褶柔鱼也有相同的情况。Cao 等(2009)利用北太平洋柔鱼冬春生西部群体产卵场与索饵场的适合水温范围解释了其资源量的变化。Chen 等(2007)分析了厄尔尼诺和拉尼娜事件对西北太平洋柔鱼资源补充量的影响。

在章鱼研究方面，Hernández-López 等(2001)指出，章鱼的胚胎发育、幼体生长等与水温有着密切的关系。Caballero-Alfonso 等(2010)根据表温、NAO 指数和生产统计数据，利用线性模型对加那利群岛附近海域章鱼资源量变化进行了研究。结果显示，温度是影响章鱼资源量的一个重要环境指标，NAO 改变产卵场的水温间接影响章鱼的资源量。同时，他指出气候变化对头足类资源的影响是不可忽视的。Leitea 等(2009)结合产卵场的环境因子和渔获数据，利用多种方法对巴西附近海域章鱼的栖息地、分布和资源量进行了研究。结果显示，环境因子会影响章鱼的资源密度和分布，而且在潮间带附近海域，较小的章鱼在温暖的水域环境中能够更快地生长。另外，小型和中型个体的章鱼在早期阶段多分布在较适宜温度高1～2℃的水域，这有利于它们的生长。可见温度等环境因子对章鱼的资源密度和分布有明显的影响。

1.2.4 气候变化对头足类其他生活过程的影响

除对产卵场产生影响外，索饵洄游、索饵场的生长和繁殖洄游等也是头足类生命周期的重要组成部分，但是目前针对这些部分的研究较少。Kishi 等(2009)根据太平洋褶柔鱼渔业生物学数据，利用生物能量模型(bioenergetics models)和营养生态系统模型对其资源变动进行了研究。结果显示，日本海北部的捕食密度高于日本海中部，导致日本海北部太平洋褶柔鱼的个体比从日本海中部洄游来的个体大。同时，全球气温日益升高会造成太平洋褶柔鱼洄游路径的改变。Choi 等(2008)研究发现，全球气候的改变使得太平洋褶柔鱼洄游路径发生变化，而且伴随着海洋生态系统环境的变化，气候变化也影响到了其产卵场分布以及幼体的存活，进而影响到其补充量。Lee(2003)研究认为，对马暖流会发生年际变化，从而影响太平洋褶柔鱼产卵场环境条件及其幼体生长。王尧耕和陈新军(2005)认为，分布在北太平洋的柔鱼周年都会进行南北方向的季节性洄游，黑潮势力以及索饵场表温高低直接影响柔鱼渔场的形成及空间分布。

1.2.5 研究现状分析

通过上述研究分析，我们认为目前全球气候的变化(包括温度等)通过影响产卵场的环境条件而间接地影响头足类资源补充量。国内外学者对产卵场环境变化与头足类补充量之间的关系研究得比较多，得到了一些研究成果，并被用来预测其资源补充量。但是，全球气候变化对头足类资源量影响的关键阶段是从孵化到稚仔鱼的生活史阶段(图1-1)，即产卵以后的这段时间。因为该阶段头足类主要是被动地受到环境的影响，不能主动地适应环境的变化，而当稚仔鱼发育到成鱼后，头足类个体拥有了较强的游泳能力，就能够通过洄游等方式寻找适宜的栖息环境而主动地适应环境的变化。目前研究集中在产卵场环境变化与头足类补充量(渔业开发时，即头足类成体数量)之间的关系，而对其中间阶段(随海流移动、生长)头足类死亡、生长及其影响机理的研究甚少。为了可持续利用和科学管理头足类资源，不仅要考虑环境变化对产卵场中个体生长、死亡的影响，也应重视对其幼体、仔稚鱼等不同生命阶段中的影响，只有这样才能进一步提高海洋环境变化对头足类资源补充量的预测精度。

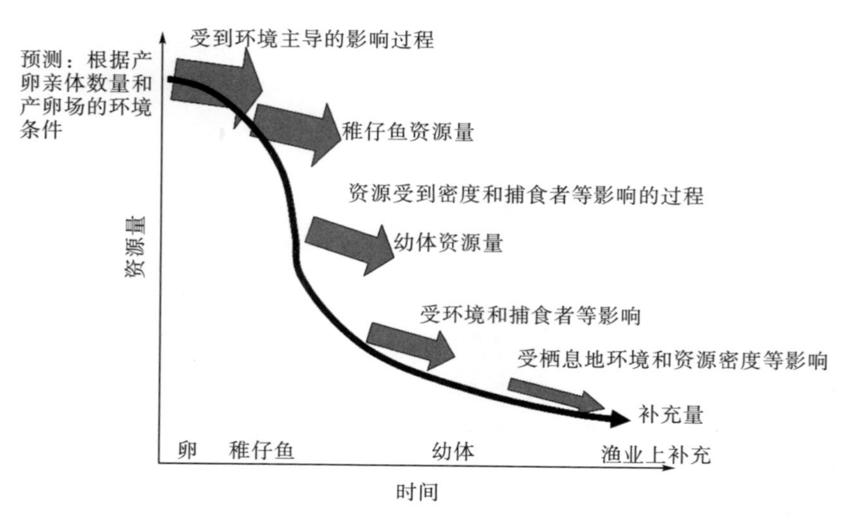

图 1-1　头足类资源补充过程及其影响因素示意图

1.3　茎柔鱼资源开发及栖息环境

1.3.1　茎柔鱼生物学特性

1.3.1.1　种群结构

目前对茎柔鱼在东太平洋的种群结构仍然不是很清楚，学者们一般根据渔获物胴长组成将这一海域的茎柔鱼群体划分为大小不同的群体，比如 Nesis(1983) 将茎柔鱼成体分为小型群（胴长 200～300mm）、中型群（胴长 340～450mm）和大型群（胴长大于 460mm）；Nigmatullin 等(2001)将东太平洋的茎柔鱼分为大、中、小 3 个群体；叶旭昌和陈新军(2007)同样根据胴长将秘鲁外海的茎柔鱼分为大、中、小 3 个群体；刘必林等(2010)将智利海域茎柔鱼大致分为大、中、小 3 个群体；Argelles 等(2001)根据 1992 年的生产统计数据，将秘鲁外海茎柔鱼分为 2 个群体。

1.3.1.2　生长繁殖

王尧耕和陈新军(2005)研究指出，茎柔鱼的最大胴长约为 1.2m，但也有文献记载其个体最大体长可达 3.6m(胴长 2m)，体重最大为 150kg(Anatolio et al.，2001)。如同其他头足类一样，茎柔鱼的生命周期在 1 年左右，但也有学者认为它是 2～3 年生，甚至有 3～4 年的个体存在(Nesis，1983)。

一般认为，茎柔鱼雄性个体成熟期早于雌性个体，当雄性个体胴长达到 200～250mm 时性腺开始成熟，而雌性个体胴长达到 360～370mm 时性腺才开始成熟(王尧耕和陈新军，2005)。叶旭昌和陈新军(2007)研究指出，茎柔鱼雄、雌个体的初次性成熟胴长分别为 228mm、374mm。图 1-2 为茎柔鱼形态示意图。

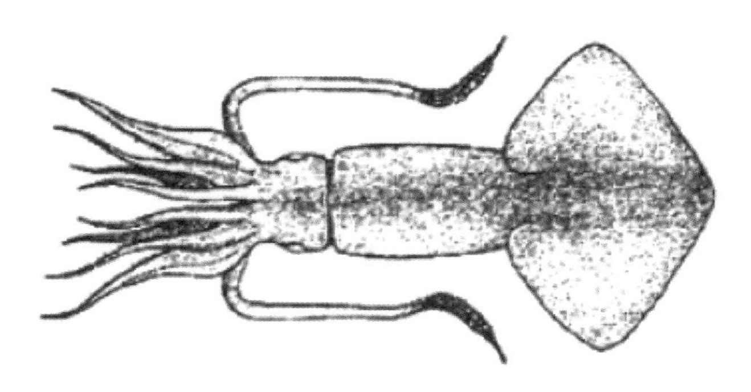

图 1-2　茎柔鱼形态示意图

学者们对茎柔鱼全年产卵观点较为一致。Anatolio 等(2001)研究认为，秘鲁外海茎柔鱼的产卵高峰期是当年 10 月至翌年 1 月，11 月份达到最高值。刘必林等(2010)研究指出，智利外海茎柔鱼虽为全年产卵，但并无明显的产卵高峰期。李纲等(2011)研究指出，哥斯达黎加外海茎柔鱼的繁殖是全年性的，几乎每个月都有性成熟个体出现，并不存在特殊的繁殖峰期。Tafur 等(2001)根据 1991～1995 年茎柔鱼生产统计数据分析指出，茎柔鱼主要产卵场在秘鲁沿海 3°～8°S，次要产卵场在 12°～17°S，最大产卵密度在当年 10 月至翌年 1 月。Cairistion 等(2001)研究认为，秘鲁外海北部茎柔鱼的产卵高峰是在夏季(11 月至翌年 1 月)，次高峰是在冬季(7～8 月)。

1.3.1.3　生活习性

研究发现，茎柔鱼的主要捕食对象有灯笼鱼和鳀鱼，其他还包括桡足类、磷虾、鱿鱼、沙丁鱼等(王尧耕和陈新军，2005)。另外，茎柔鱼也存在同类捕食的现象。同时，茎柔鱼作为海洋生态系统重要的组成部分，其自身也是抹香鲸、鲨鱼、黄鳍金枪鱼等的捕食对象(Cairistion and Rodhouse，2001)。

与其他头足类一样，茎柔鱼存在着昼夜垂直移动的习性，白天生活在 800～1000m 的水层中，夜晚则上游至 0～200m 的表层活动。茎柔鱼的洄游模式尚不十分清楚，Nesis 等(1983)研究认为，在南半球的夏、秋季茎柔鱼会出现大范围洄游，一般始于 4 月，5～6 月在南部近岸集群。张新军等(2005)研究指出，茎柔鱼洄游的总规律是夏、秋季向温暖的沿岸水域洄游，冬季向深海海域洄游。陈思行

(1998)认为，茎柔鱼1月分布在加利福尼亚湾，4月到达海湾的最北部海域，5～8月集中分布在海湾的中上部海域，8月底至9月开始向南洄游进入太平洋秘鲁外海海域。

1.3.2 茎柔鱼资源分布与海洋环境的关系

1.3.2.1 茎柔鱼资源分布

茎柔鱼资源分布在中部太平洋以东的海域，即在125°W以东的加利福尼亚半岛(30°N)至智利(30°S)之间的水域，范围很广。但较高资源密度分布的水域是从赤道至18°S的南美大陆架以西200～250n mile的外海，即厄瓜多尔及秘鲁的200n mile水域内外。

Waluda等(1999)利用ARGOS获取的数据，并结合卫星图片，分析秘鲁外海茎柔鱼资源分布，结果显示：1999年鱿钓船作业范围分布在秘鲁沿岸3°～7°S的海域，作业中心分布在5°S海域附近。Anatolio等(2001)通过1991～1999年秘鲁外海茎柔鱼渔获数据分析得出，其高密度区域出现在秘鲁北部(3°S)至Chimbote(9°S)的沿海。Nevárez-Martínez等(2000)对加利福尼亚海湾109°30′～112°45′W、25°10′～28°50′N的茎柔鱼资源进行了调查，结果发现高产海域出现在28°～28°30′N，同时指出茎柔鱼的资源分布表现出随季节变化的特征。胡振明等(2009)分析了2006年秘鲁外海茎柔鱼统计数据，结果显示全年中心渔场分布在80°～85°W、10°～17°S，其中6～8月是全年最高产的时期，其中心渔场分布在81°～83°W、12°～13°S。

1.3.2.2 茎柔鱼资源与海洋环境的关系

Nesis等(1983)研究认为，茎柔鱼属于泛温生长种类，其生活温度在15～28℃，然而在深海和赤道海域也有发现，其温度在4～32℃。陈新军和赵小虎(2006)根据我国鱿钓船在秘鲁外海的渔获统计数据及海表温度(sea surface temperature，SST)数据，发现产量主要分布在SST为18～22℃和24～25℃的海域，而且各季节的作业渔场最适SST也不同。叶旭昌(2002)认为在秘鲁外海，茎柔鱼在SST为17～22℃海域有大面积集群并能获得高产。胡振明等(2009)根据2006年1～12月我国在秘鲁外海的鱿钓统计数据及环境数据，分析认为茎柔鱼中心渔场的SST在18～23℃，SST水平梯度为0.6～1.7℃，另外还指出秘鲁外海茎柔鱼渔场主要受上升流影响而产生，并分布在上升流引起的冷水与外洋暖水交汇区。

在智利外海海域，陈新军和赵小虎(2005)根据2004年4～6月我国鱿钓船在智利外海的渔获统计数据和环境数据，研究得出作业渔场的最适SST为17～20℃，并主要分布在17～19℃的海域。钱卫国等(2008)根据2006年4～6月我国在智利外海的渔获统计数据和环境数据，研究得出智利南部海域(78°30′～84°W，37°30′～41°S)CPUE(catch per unit effort，单位捕捞努力渔获量)与上层(25～75m)水温和深水层(300～325m)盐度的关系较为密切，智利北部区域(76°～78°W、28°～30°S)CPUE与深层水温(150～250m)和盐度的关系较为密切。

另外，Anderson和Rodhouse(2001)、Waluda等(1999)研究认为，厄尔尼诺和拉尼娜事件会影响茎柔鱼幼体和成熟体的生活史阶段。陈新军和赵小虎(2006)指出，茎柔鱼资源状况与海洋环境关系密切，特别是厄尔尼诺和拉尼娜事件。胡振明等(2009)研究认为，秘鲁沿岸的上升流对茎柔鱼渔场的形成和分布具有重要影响。

1.3.3 研究中存在的不足

目前国内外学者对茎柔鱼的研究多以生物学特征为主，在渔场方面主要以研究茎柔鱼渔场分布变化与SST之间的关系为主，而茎柔鱼栖息于秘鲁的上升流渔场，且东太平洋是海洋环境最为多变的一个海域，但上升流、大范围海洋气候变化以及生活史阶段对茎柔鱼资源补充量影响的研究目前仍停留在初级阶段，即初步量化产卵场环境与补充量之间的关系。本书拟通过分析厄尔尼诺和拉尼娜等大范围海洋气候变化对茎柔鱼渔场分布及资源量变化的影响，探讨茎柔鱼资源补充量变化的原因，以掌握其资源渔场时空变化规律，为渔情预报和渔业生产提供科学依据。

1.4 研究内容

本书根据我国秘鲁外海茎柔鱼鱿钓生产统计数据，结合作业渔场和产卵场的SST、深层水温数据以及代表厄尔尼诺和拉尼娜事件的Nino指数，利用空间距离、聚类分析的方法计算渔场产量重心并分析造成作业位置差距较大的两个年份的原因；分别选出受厄尔尼诺和拉尼娜事件影响明显的月份，利用Marine Explore和Sufer软件绘制作业渔场CPUE、SST及深层水温的分布图，分析不同气候变化影响下渔场的变化情况和原因；计算作业渔场和产卵场最适表层水温范围占总面积的比例(分别表示为P_F、P_S)，利用灰色关联系统比较P_F、P_S与CPUE、Nino指数的关系，分析环境变化与茎柔鱼资源补充量的关系。具体研究内容如下：

(1)东太平洋各海区茎柔鱼渔场分布和栖息环境特点分析，主要选取 2011 年 1～12 月的智利外海、秘鲁外海和赤道公海附近海域的 SST 数据对不同海域茎柔鱼栖息环境进行分析，并结合茎柔鱼生产数据，对其中心渔场分布适宜表温等进行研究，目的是比较各海域茎柔鱼栖息环境的差异。同时，利用不同水层的水温数据，采用信息增益法对其影响中心渔场的主要因子进行分析，探讨影响茎柔鱼栖息的主要环境因子。

(2)秘鲁外海茎柔鱼渔场时空分布分析。通过近年来我国鱿钓船在秘鲁外海的鱿钓统计数据和 SST 数据，利用产量重心、空间距离和聚类分析的方法分析茎柔鱼渔场的年间变动情况，比较各年渔场作业位置的差异，并从中选出年间变动差距较大的年份解释茎柔鱼渔场发生变化的原因，从整体上把握近些年秘鲁外海茎柔鱼渔场分布情况。

(3)厄尔尼诺事件和拉尼娜事件对秘鲁外海茎柔鱼渔场分布的影响。重点分析与弄清海洋气候变化以及上升流海域对茎柔鱼资源分布的影响。根据渔获统计数据、SST、深层水温、垂直水温结构以及表示厄尔尼诺事件和拉尼娜事件 Nino 指标数据，利用 Marine Explore 和 Sufer 绘图软件绘制茎柔鱼 CPUE 与各环境因子的分布叠加图，解释茎柔鱼资源在厄尔尼诺事件和拉尼娜事件发生时受到的不同影响。

(4)基于栖息地指数的秘鲁外海茎柔鱼渔场分析。根据 2003～2007 年的秘鲁外海的茎柔鱼渔获和海表温度(SST)、表温距平值(SSTA)、盐度(SSS)，海平面高度(SSH)、叶绿素 a 浓度(Chl-a)等环境数据，分析茎柔鱼渔场分布的时空变化，探讨渔场分布和水温垂直结构的关系，利用栖息地适宜指数(HSI)来分析茎柔鱼渔场分布，对分析结果进行实例验证。

(5)海洋水温对茎柔鱼资源补充量影响的初探。通过划定茎柔鱼作业渔场和产卵场以及最适温度范围，计算作业渔场 P_F、产卵场 P_S与 Nino 指数以及茎柔鱼 CPUE 的灰色关联度，分析厄尔尼诺或拉尼娜事件发生时的环境变化对茎柔鱼产卵场的影响，从而进一步分析茎柔鱼产卵场环境变化与其资源补充量的关系。

第 2 章　不同海域茎柔鱼栖息环境分析

茎柔鱼是高度洄游的种类，分布范围很广，并存在多个极其复杂的地方种群，各个种群分布的南北差异很大，栖息环境截然不同。此外，茎柔鱼中心渔场分布与海洋环境有着密切的关系。为此，本章研究的主要目的有：①分析三个不同海区海洋环境条件的自然差异，以水温为指标比较其年间和季节间差异；②利用地理信息系统分析其中心渔场分布与海洋环境之间的关系，获得其最适的环境因子范围；③利用信息增益技术获得影响中心渔场分布的主要因子。通过上述分析，有利于掌握东太平洋海域海洋环境，科学分析和预测茎柔鱼资源量的变动和渔场分布。

2.1　材料与方法

2.1.1　数据来源

1. 海温数据

选取 2011 年 1～12 月的智利外海、秘鲁外海和赤道公海附近海域的海表温度(SST)数据。时间分辨率为月，空间分辨率为 0.1°×0.1°。不同水层的水温数据，即 55m 水层温度(T_{55})、105m 水层温度(T_{105})和 205m 水层温度(T_{205})，时间分辨率为月，空间分辨率为 1°×1°，来自美国哥伦比亚大学海洋环境数据库 http://iridl.ldeo.columbia.edu/SOURCES/.CARTON-GIESE/.SODA/。

2. 生产统计数据

生产统计数据包括了 2011 年 1～12 月的智利外海和秘鲁外海的我国鱿钓船生产统计数据，主要作业海域是 70°～89°W、8°～40°S，以及 2012 年 1～6 月赤道公海附近海域的茎柔鱼生产统计数据，主要作业海域是 112°～120°W、6°S～4°N。内容包括日期、经纬度、产量、作业次数。其时间分辨率为天，将 1°×1°表示为一个渔区，统计一个渔区内作业次数和产量。

2.1.2 分析方法

(1)数据预处理。将 1°×1°定为一个渔区，并计算单位捕捞努力渔获量(CPUE)，其计算公式如下：

单位捕捞努力渔获量(CPUE)=渔获量(C)/作业次数(F)

式中，渔获量(C)为1°×1°渔区内一个月的产量，单位：t；作业次数(F)为1°×1°渔区内一个月的作业次数，单位：d；单位捕捞努力渔获量(CPUE)，单位：t/d。

(2)计算各月份的不同水层水温垂直梯度，并分析各月份 CPUE 与各渔区的 SST、T_{55}、T_{105}、T_{205}、0～55m 垂直温度梯度($G_{0\sim55}$)、55～105m 垂直温度梯度($G_{55\sim105}$)和 105～205m 垂直温度梯度($G_{105\sim205}$)之间的关系。

(3)利用 Marine explorer 4.0 绘制产量与各水层温度的空间分布图，分析渔场分布与各水层温度以及垂直温度梯度的关系。

(4)利用信息增益技术(IGT)和方法，计算得出影响中心渔场分布的关键水温因子。信息增益技术是决策树分类方法的一种算法，也是最常用的一种算法。基于信息增益法生成决策树的主要计算集中在属性的选择上，即为信息增益值的计算。在决策支持系统中，一般用户更希望看到简单而且条理清晰的决策树，所以采用信息增益法生成决策树能取得较好的效果。本章利用 IGT 计算柔鱼作业次数对应的各分类属性(水温环境因子)的信息增益值。根据水温环境数据(SST、T_{55}、T_{105}、T_{205}、$G_{0\sim55}$、$G_{55\sim105}$和 $G_{105\sim205}$)计算作业次数对应环境属性的信息增益值，以此来反映每个环境因子对渔场的影响程度。其具体步骤为：

求出 CPUE 的信息期望 I：

$$I(S_1,S_2,\cdots,S_m) = -\sum_{i=1}^{m} \frac{S_i}{S}\log_2\frac{S_i}{S} \tag{2-1}$$

式中，m 为 CPUE 不同的属性值个数；S_i为 CPUE 为第 i 个属性值的记录条数；S 为样本总数。

求出每个属性对应于 CPUE 分类的熵 $E_1(A)$：

$$E_1(A) = \sum_{j=1}^{v} \frac{S_{1j}+S_{2j}+\cdots+S_{mj}}{S} I(S_{1j},S_{2j},\cdots,S_{mj}) \tag{2-2}$$

$$I(S_{1j},S_{2j},\cdots,S_{mj}) = -\sum_{i=1}^{m} \frac{S_{ij}}{S_j}\log_2\frac{S_{ij}}{S_j} \tag{2-3}$$

式中，v 为属性 A 不同属性值的个数；S_{ij}为属性 A 值为 A_j 且 CPUE 为第 i 个属性值的记录条数；S 为样本总数；$I(S_{1j}, S_{2j}, \cdots, S_{mj})$为属性 A 取值为 A_j 时对应的 CPUE 分类的信息期望。

计算每个属性对应于 CPUE 分类信息增益$\text{Gain}_1(A)$：

$$\text{Gain}_1(A)=I(S_1,S_2,\cdots,S_m)-E_1(A) \tag{2-4}$$

2.2 研究结果

2.2.1 各海区海表温度分析

通过对秘鲁外海、智利外海和赤道公海附近海域三个海域各月平均 SST 分析(图 2-1)可以看出，智利外海总体平均 SST 较其他两个海区低，最高 SST 为 25℃，其他两个海区最高 SST 均接近或超过 30℃，相差 5℃。智利外海的平均 SST 温差最大。秘鲁外海海域平均 SST 出现在 3 月份，为 29.13℃；最低 SST 出现在 10 月份，为 15.35℃。智利外海海域最高 SST 出现在 3 月份，为 25.25℃，最低 SST 出现在 10 月份，为 9.6℃。赤道公海附近海域最高 SST 出现在 4 月份，为 29.57℃；最低 SST 出现在 11 月份，为 20.5℃。

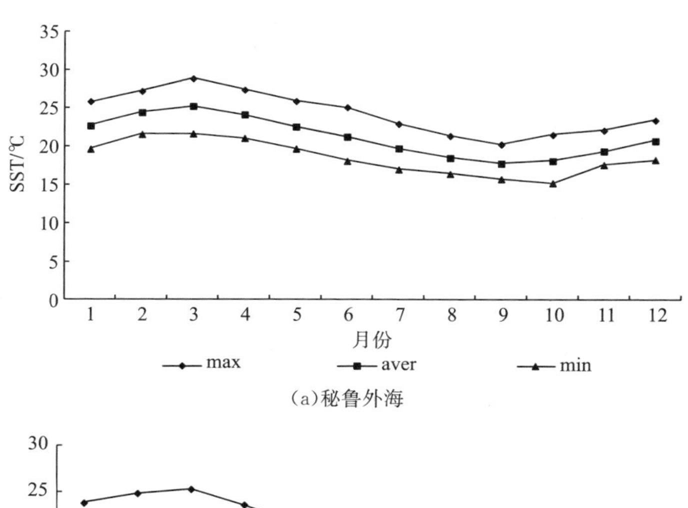

(a)秘鲁外海

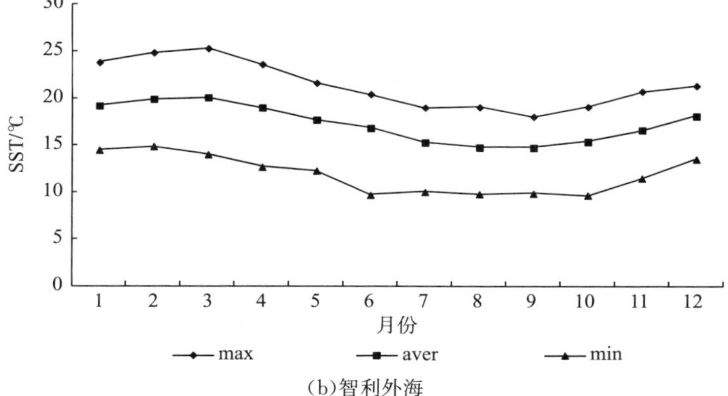

(b)智利外海

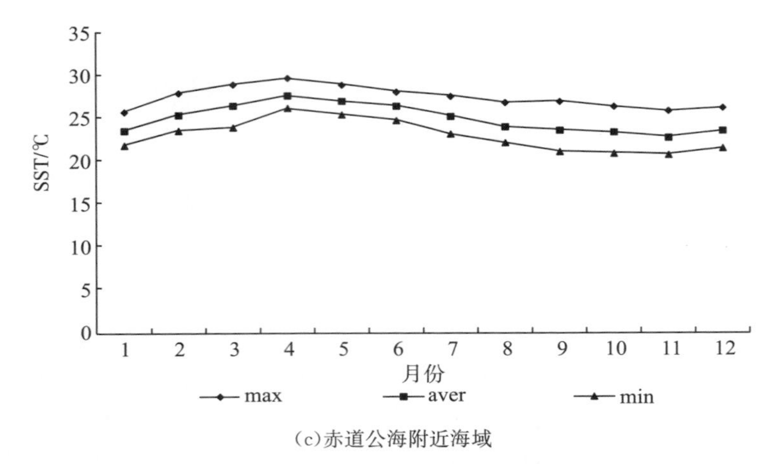

(c)赤道公海附近海域

图 2-1　三海区 2011 年各月份海表温度变化曲线

根据东太平洋海区 SST 分布图(图 2-2)，可看出该区域各海流和水温季节变化情况。在该区域，赤道以北海域主要存在北赤道逆流、北赤道海流和加利福尼亚海流，赤道以南海域主要存在南赤道海流和秘鲁海流，这些都是影响渔场分布的主要海流。

秘鲁寒流从智利南端延伸至秘鲁北部，由南极向赤道方向流动。根据海表温度分布可以看出，1～4 月秘鲁寒流的强度较弱，上升流区域不明显。5 月开始秘鲁寒流的强度加大，上升流逐步增强，7 月和 8 月上升流强度基本一致，9 月强度最大，之后逐渐减弱(图 2-2)。

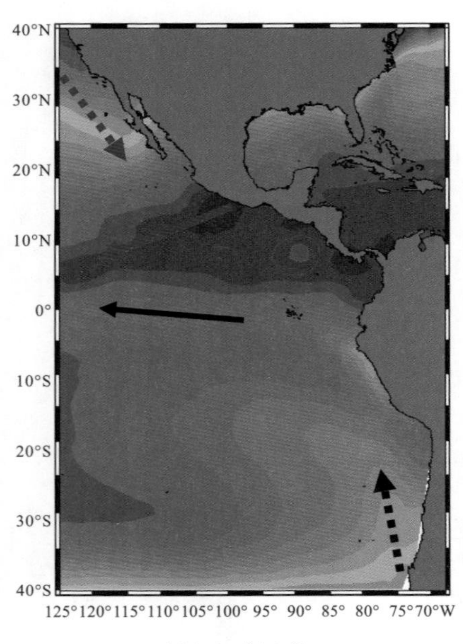

(a)2011 年 1 月

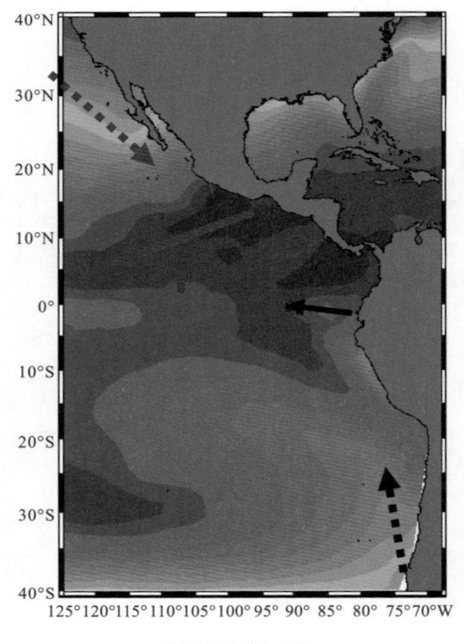

(b)2011 年 2 月

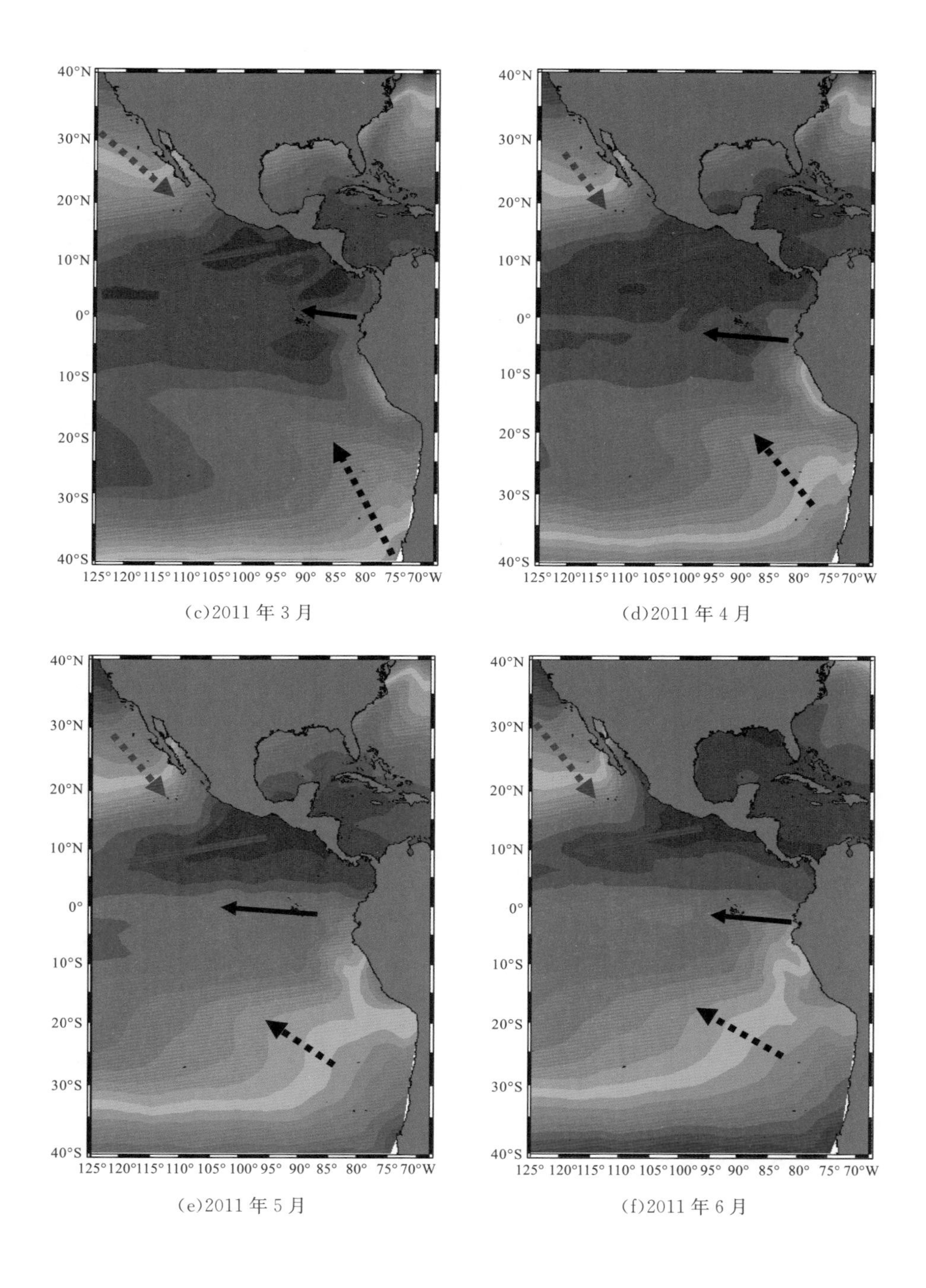

(c)2011 年 3 月

(d)2011 年 4 月

(e)2011 年 5 月

(f)2011 年 6 月

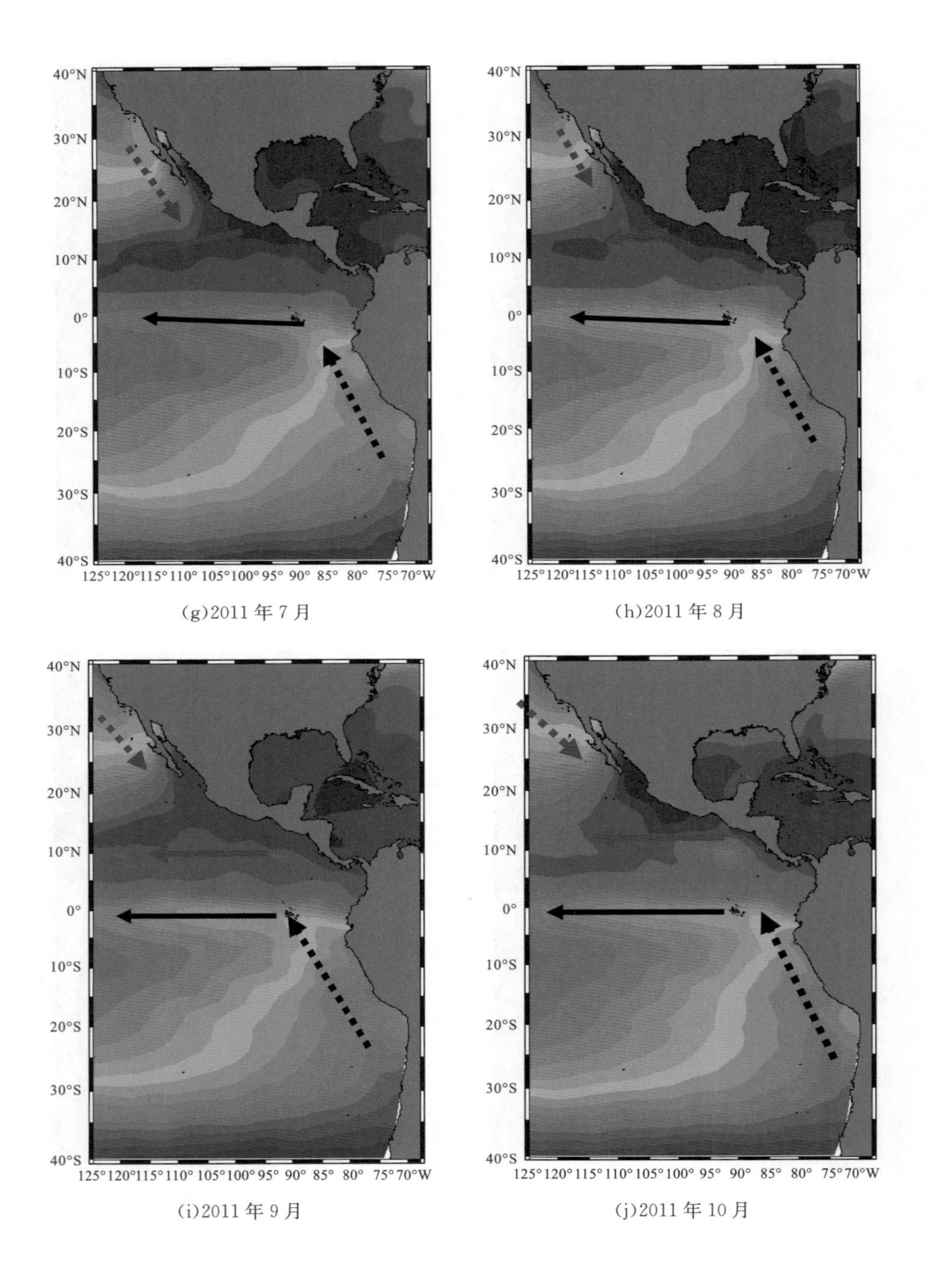

(g)2011 年 7 月

(h)2011 年 8 月

(i)2011 年 9 月

(j)2011 年 10 月

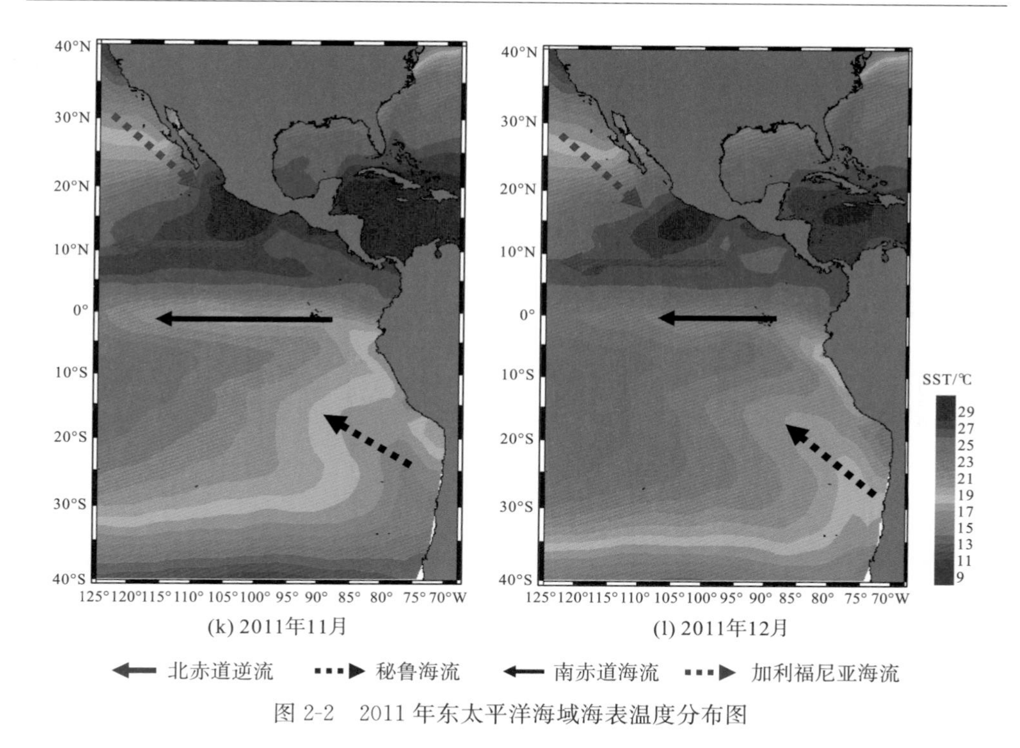

(k) 2011年11月　(l) 2011年12月

图 2-2　2011 年东太平洋海域海表温度分布图

南赤道海流在赤道和 20°S 之间由东向西流动，具有高温高盐的特性。1～6 月南赤道海流海流不明显，7 月开始暖流呈现较明显的由东向西的趋势，并且随着月份的增加而增强(图 2-2)。

2.2.2　各海区海表温度与作业频次的关系

根据秘鲁外海、智利外海和赤道公海附近海域生产数据，统计各月份茎柔鱼作业频次与 SST 的关系。在秘鲁外海(图 2-3)，茎柔鱼作业渔场 1～12 月份适宜的 SST 范围(作业频次均接近或超过 85%)分别是：1 月份为 21.5～22.5℃，其中 22℃对应的作业频次最大，占总数的 46.5%；2 月份为 23～24.5℃，其中 24℃对应的作业频次最大，占总数的 41.4%；3 月份为 23.5～25℃，其中 24℃对应的作业频次最大，占总数的 37.6%；4 月份为 22～23℃，其中 22.5℃对应的作业频次最大，占总数的 50.0%；5 月份为 20.5～22℃，其中 20.5℃对应的作业频次最大，占总数的 32.0%；6 月份为 19～20.5℃，其中 20℃对应的作业频次最大，占总数的 34.7%；7 月份为 17.5～19℃，其中 17.5℃对应的作业频次最大，占总数的 28.0%；8 月份为 16～17.5℃，其中 16℃对应的作业频次最大，占总数的 30.5%；9 月份为 16.5～17.5℃，其中 17℃对应的作业频次最大，占总数的 35.0%；10 月份为 17～18℃，其中 18℃对应的作业频次最大，占总数的 44.7%；11 月份为 18.5～20℃，其中 18.5℃对应的作业频次最大，占总数的 42.9%；12 月份为 19.5～21℃，其中 20℃对应的作业频次最大，占总数的 50.2%。

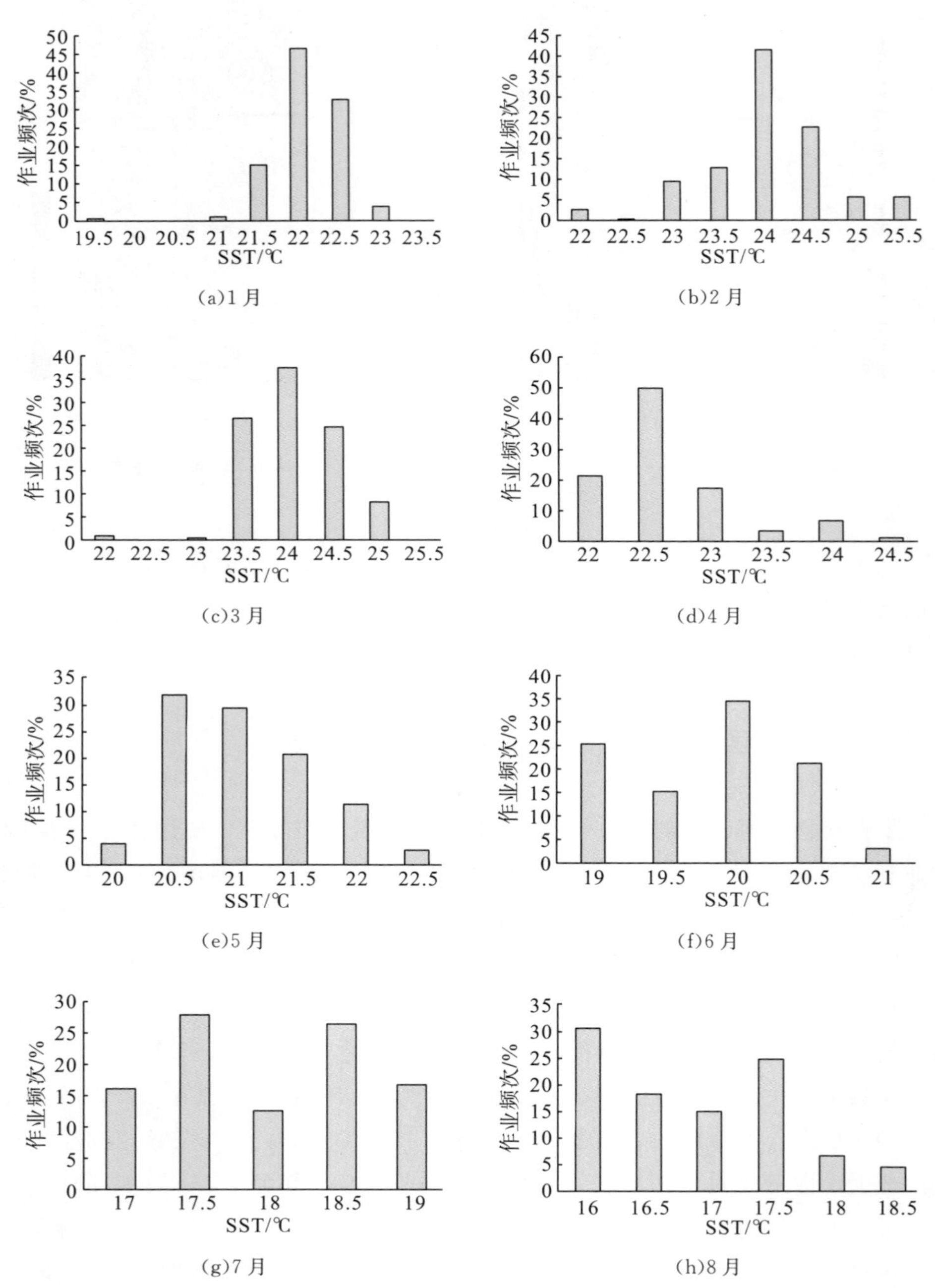

(a)1 月

(b)2 月

(c)3 月

(d)4 月

(e)5 月

(f)6 月

(g)7 月

(h)8 月

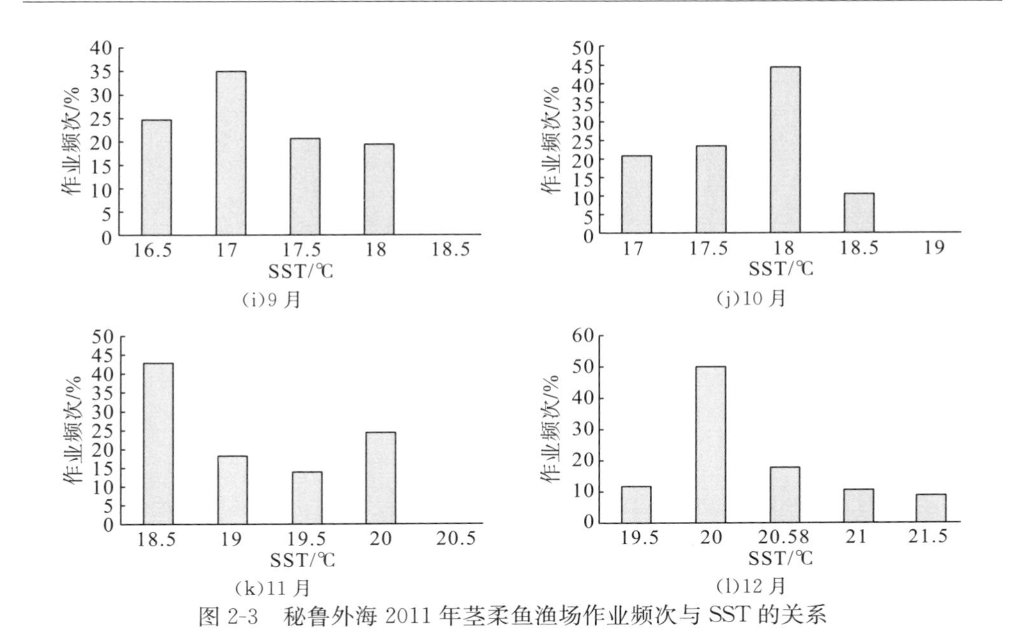

图 2-3　秘鲁外海 2011 年茎柔鱼渔场作业频次与 SST 的关系

在智利外海(图 2-4)，茎柔鱼作业渔场 1～12 月份适宜的 SST 范围(作业频次均接近或超过 85%)分别是：1 月份为 19～20.5℃，其中 19℃对应的作业频次最大，占总数的 58.4%；2 月份为 20～22℃，其中 20℃对应的作业频次最大，占总数的 46.5%；3 月份为 20～22.5℃，其中 20℃对应的作业频次最大，占总数的 43.6%；4 月份为 19～21.5℃，其中 19℃对应的作业频次最大，占总数的 37.4%；5 月份为 17.5～18.5℃，其中 18℃对应的作业频次最大，占总数的 45.6%；6 月份为 17～17.5℃，其中 17℃对应的作业频次最大，占总数的 72.7%；7 月份为 15.5～16.5℃，其中 15.5℃对应的作业频次最大，占总数的 66.9%；8 月份为 15～16℃，其中 15℃对应的作业频次最大，占总数的 36.6%；9 月份为 15～16℃，其中 15℃对应的作业频次最大，占总数的 59.5%；10 月份为 15.5～16.5℃，其中 16℃对应的作业频次最大，占总数的 74.8%；11 月份为 16.5～17.5℃，其中 17℃对应的作业频次最大，占总数的 76.0%；12 月份为 18.5～19℃，其中 18.5℃对应的作业频次最大，占总数的 55.4%。

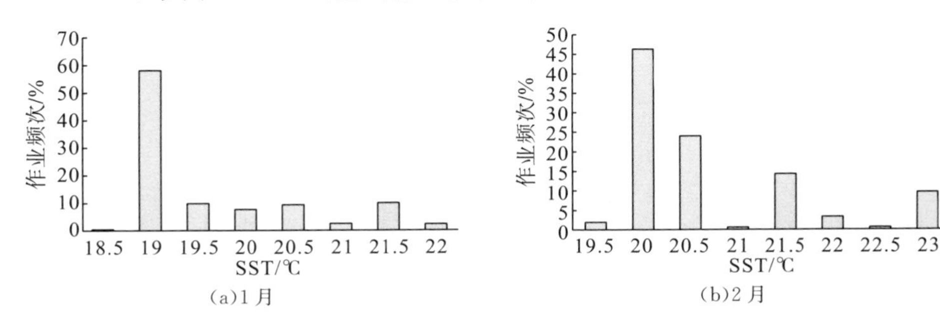

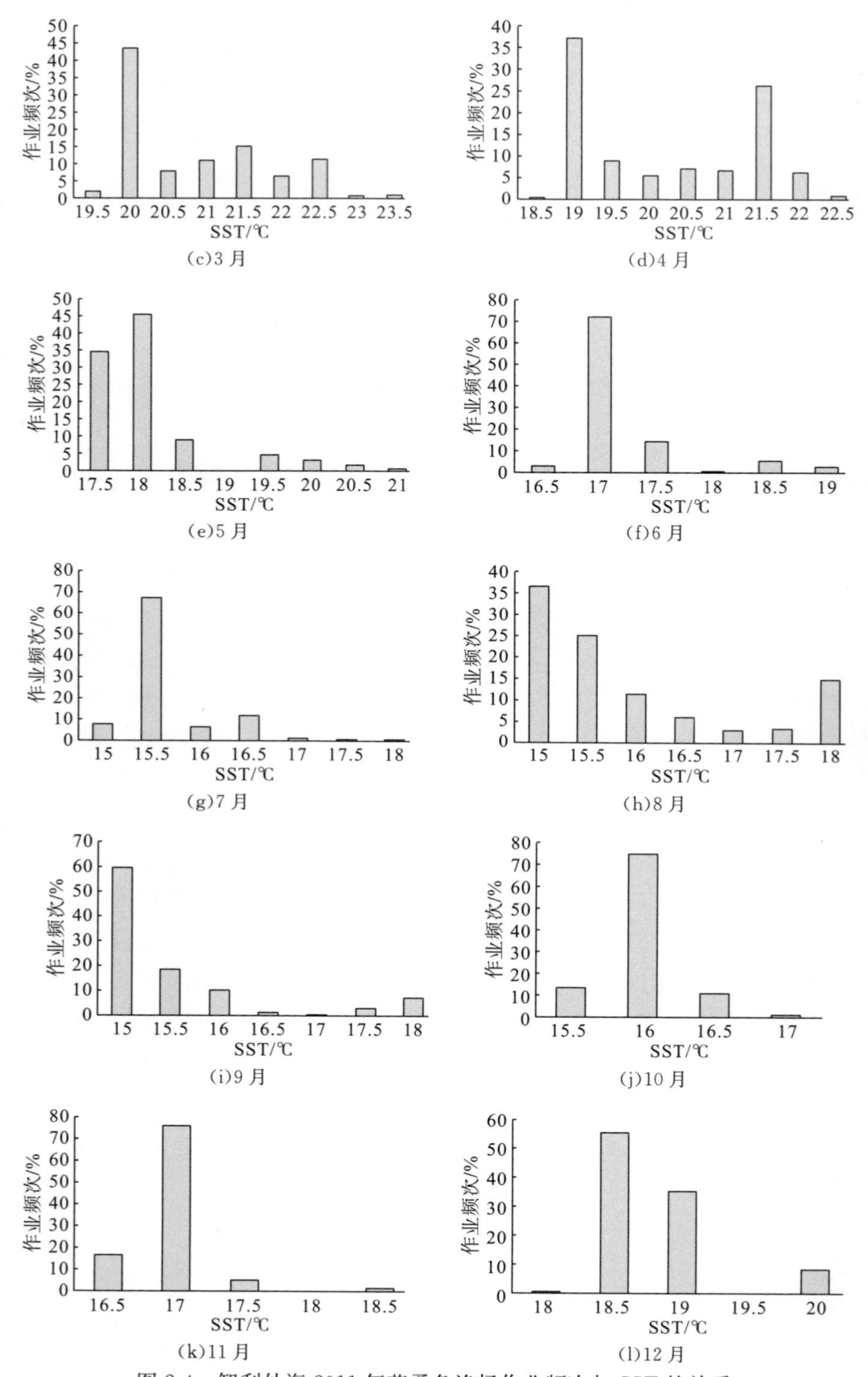

图 2-4 智利外海 2011 年茎柔鱼渔场作业频次与 SST 的关系

在赤道公海附近海域(图 2-5)，茎柔鱼作业渔场 1～6 月份适宜的 SST 范围(作业频次均接近或超过 85%)分别是：1 月份为 24.1～24.5℃，其中 24.2℃对应的作业频次最大，占总数的 79.1%；2 月份为 25.8～26.3℃，其中 25.8℃对应的作业频次最大，占总数的 35.4%；3 月份为 26～26.5℃，其中 26℃对应的作业频次最大，占总数的 38.7%；4 月份为 26.6～27℃，其中 27℃对应的作业频次最大，占总数的 57.7%；5 月份为 26.8～27.4℃，其中 27.4℃对应的作业频次最大，占总数的 53.1%；6 月份为 26.3～26.6℃，其中 26.5℃对应的作业频次最大，占总数的 40.7%。

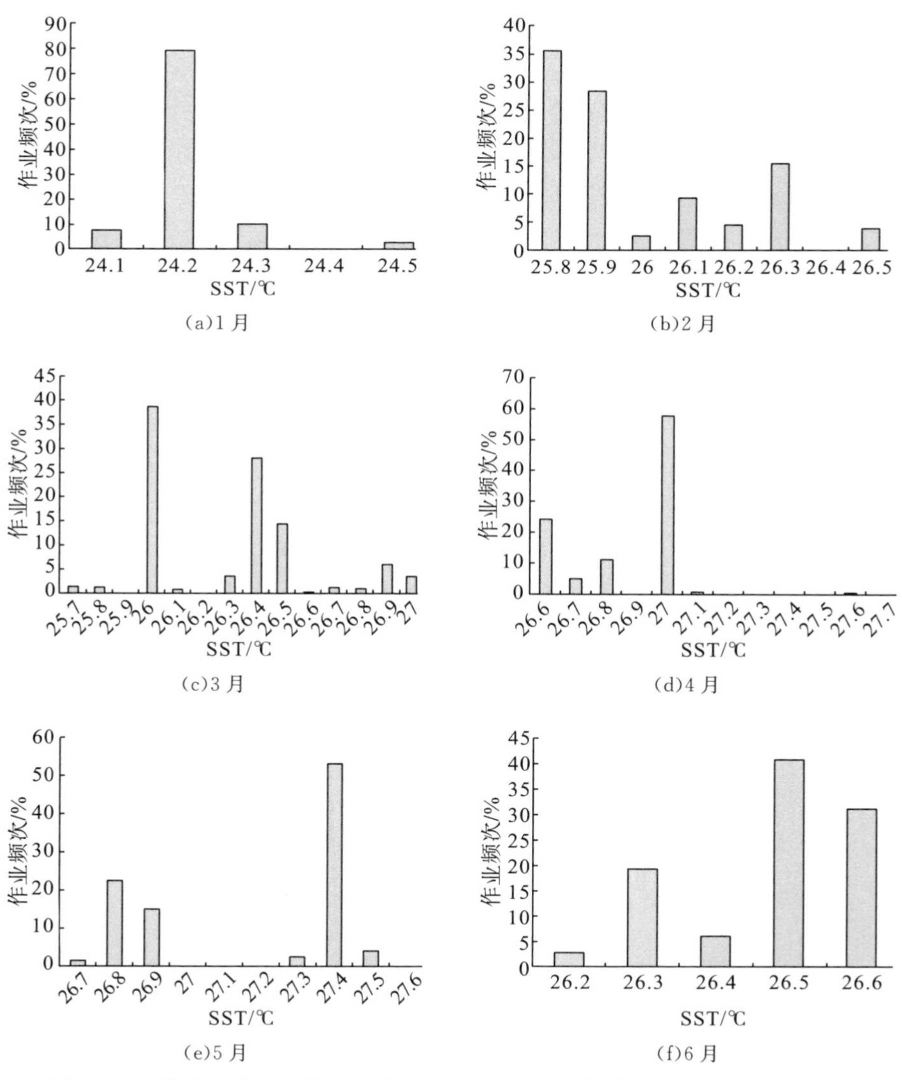

图 2-5　赤道公海附近海域 2012 年 1～6 月茎柔鱼渔场作业频次与 SST 的关系

统计智利外海、秘鲁外海以及赤道公海附近海域各月份茎柔鱼的捕捞作业频次和 SST 的关系(图 2-6 和表 2-1)，并分析各月份作业频次最高对应的 SST 与 SST 平均值的关系，发现三个海区各月份作业频次最高对应的 SST 与对应各月份的 SST 平均值变化趋势基本一致。智利外海和秘鲁外海各月份的作业频次最高对应的 SST 呈现季节性的变化，3 月份作业频次最高对应的 SST 最高，8 月份作业频次最高对应的 SST 最低。赤道公海附近海域 5 月份作业频次最高对应的 SST 最高，1 月份作业频次最高对应的 SST 最低。其中，智利外海各月份的作业频次最大对应的 SST 与对应各月份 SST 平均值的大小基本吻合，秘鲁外海和赤道公海附近海域各月份的作业频次最高对应的 SST 略低于对应各月份 SST 平均值。

将各海区的作业频次最高对应的 SST 与 SST 平均值进行 Fisher 差异性检验，检验结果表明，秘鲁外海、智利外海和赤道公海附近海域的差异性检验 P 值均等于 0.5，其作业频次最高对应的 SST 和 SST 平均值无显著差异($P>0.05$)。

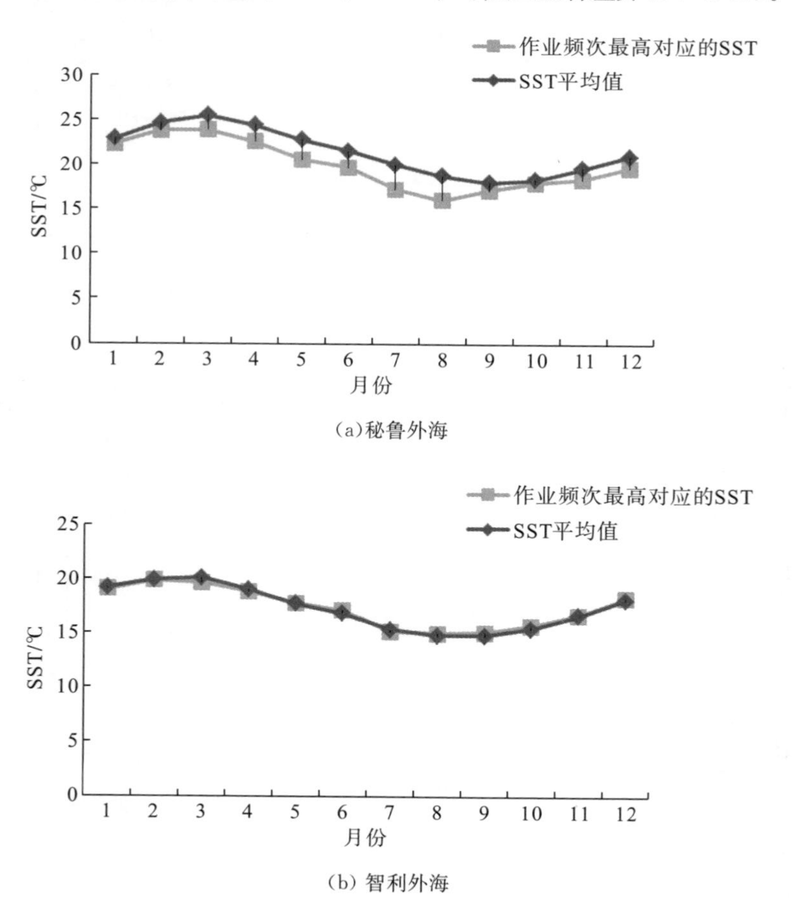

(a)秘鲁外海

(b) 智利外海

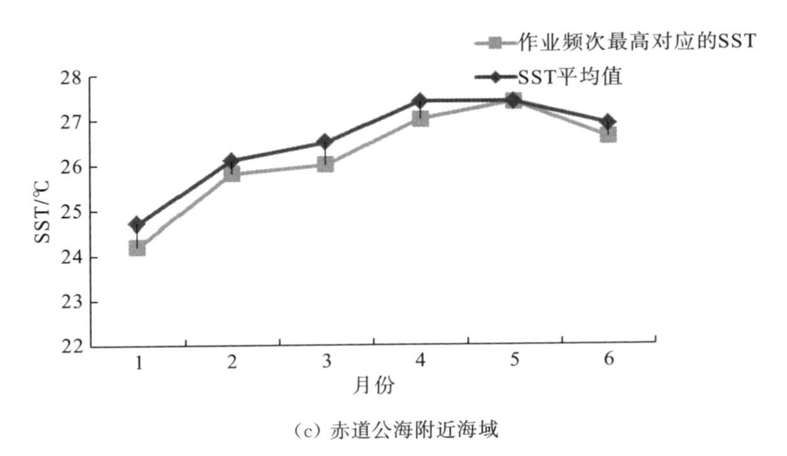

(c) 赤道公海附近海域

图 2-6　三海区各月份作业频次最高对应的 SST 与海区 SST 平均值之间的关系

表 2-1　三海区各月份作业频次最高对应的 SST 与 SST 平均值　(单位：℃)

海区	SST	1 月	2 月	3 月	4 月	5 月	6 月	7 月	8 月	9 月	10 月	11 月	12 月
秘鲁	SST 平均值	22.8	24.6	25.4	24.3	22.7	21.4	19.9	18.7	17.9	18.3	19.6	20.9
	作业频次最高对应的 SST	22	24	24	22.5	20.5	20	17.5	16	17	18	18.5	20
智利	SST 平均值	19.2	19.9	20.0	19.0	17.6	16.8	15.2	14.7	14.7	15.3	16.6	18.1
	作业频次最高对应的 SST	19	20	20	19	18	17	15.5	15	15	16	17	18.5
赤道	SST 平均值	24.7	26.1	26.5	27.4	27.4	26.9	—	—	—	—	—	—
	作业频次最高对应的 SST	24.2	25.8	26	27	27.4	26.6	—	—	—	—	—	—

2.2.3　秘鲁外海水温分布与 CPUE 的关系

根据秘鲁外海茎柔鱼渔获量与 SST 的叠加分析图(图 2-7)可看出，1～5 月沿岸等温线分布较密集，离岸等温线弯曲较明显，中心渔场分布在冷暖海流交汇的暖水团一侧，渔场分布的 SST 是 19～25℃，产量较低。6～12 月等温线分布较稀疏，渔场分布在水舌处。7～10 月该海域 SST 较低，由冷水团占据，中心渔场分布在靠近冷水团一侧，渔场分布的 SST 为 16～19℃，其中 10 月份产量最高。11～12 月冷暖水团混合，水温升高，渔场分布的 SST 为 18～21℃，产量下降。

1～4 月秘鲁寒流的强度较弱，暖水团向东南方向移动，6～10 月秘鲁寒流强度加大，在 80°～84°W 形成较强的上升流，产量较高。

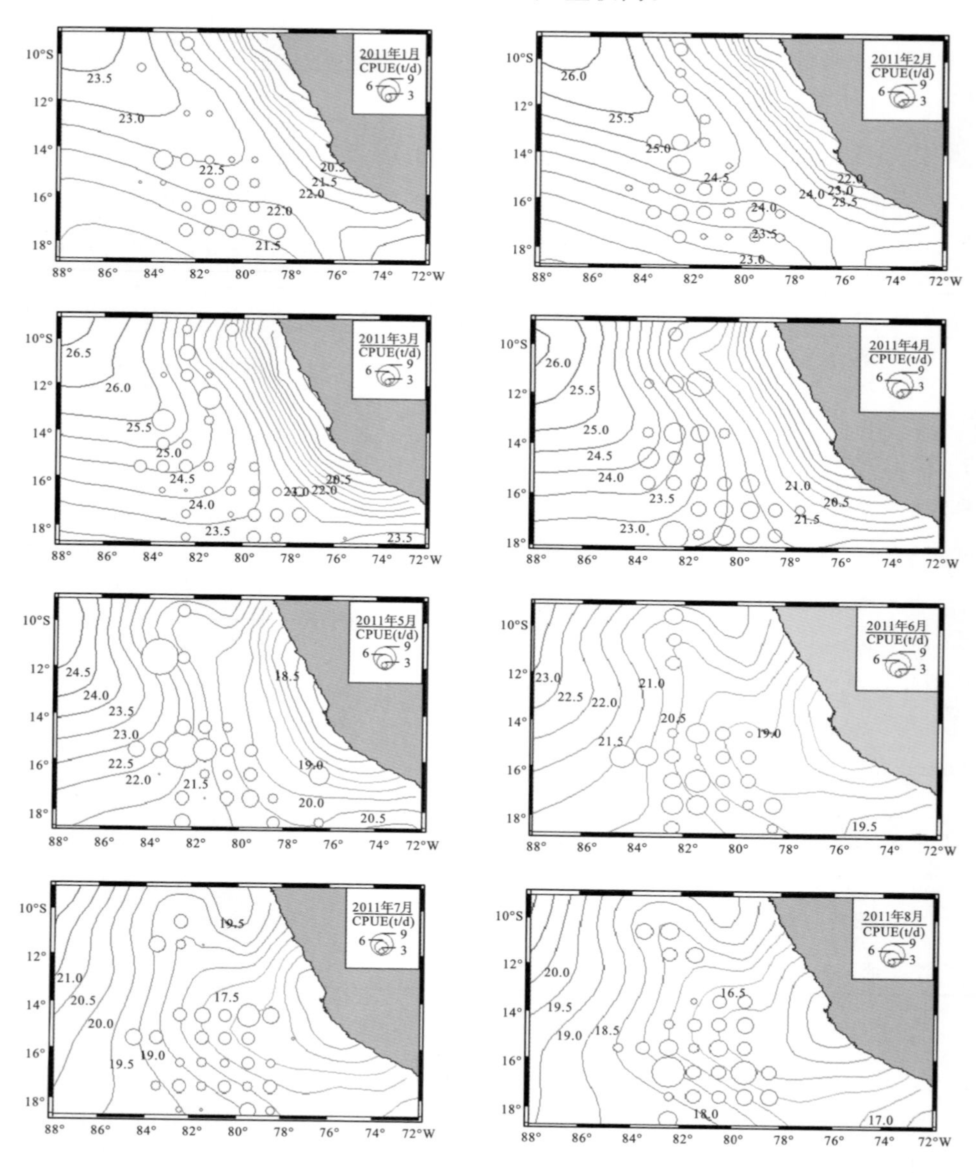

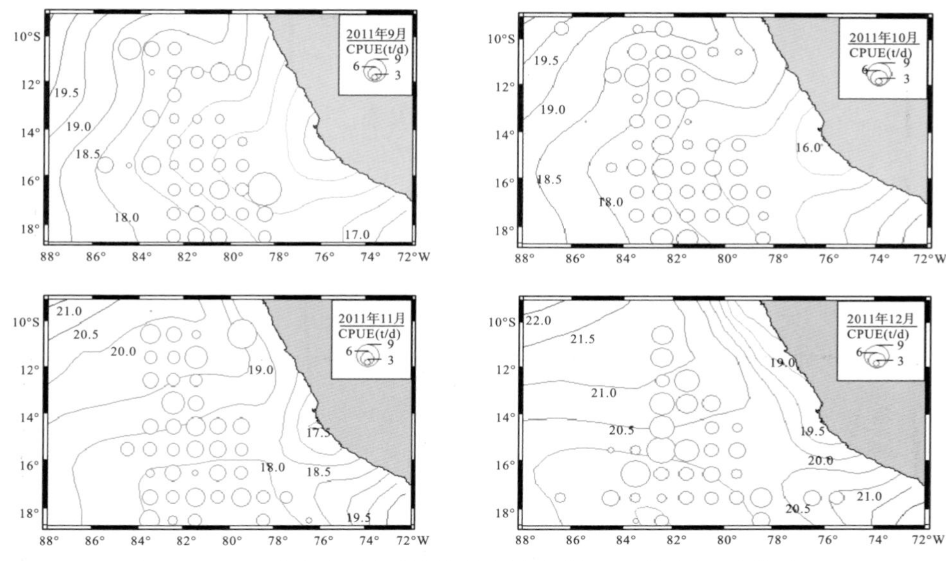

图 2-7　2011 年秘鲁外海茎柔鱼渔场各月份 SST 的分布(单位:℃)

以 5 月份为例，分析该月各水层水温以及水层温度梯度与茎柔鱼渔场的关系(图 2-8)，秘鲁外海茎柔鱼渔场分布 SST、55m 水层、105m 水层、205m 水层、0～55m 垂直温度梯度、55～105m 水层温度梯度和 105～205m 水层温度梯度对应的分别是 20～23℃、17～21℃、13～17℃、11～12℃、0.02～0.08℃/m、0.02～0.10℃/m 和 0～0.09℃/m。

根据水温分布图来看(图 2-8)，在海水表层，中心渔场主要分布在冷暖水团交汇靠近暖水团的一侧，位于水舌处。在 55m 水层和 105m 水层，中心渔场主要分布在等温线密集的区域。在 205m 水层，中心渔场主要分布在等温线稀疏的区域。在水温垂直结构方面，中心渔场主要分布在 0～55m 水层垂直温度梯度等温线密集区域偏向较低温度梯度方向、55～105m 水层垂直温度梯度等温线较稀疏的区域、105～205m 水层垂直温度梯度等温线密集区域偏向较高温度梯度方向。

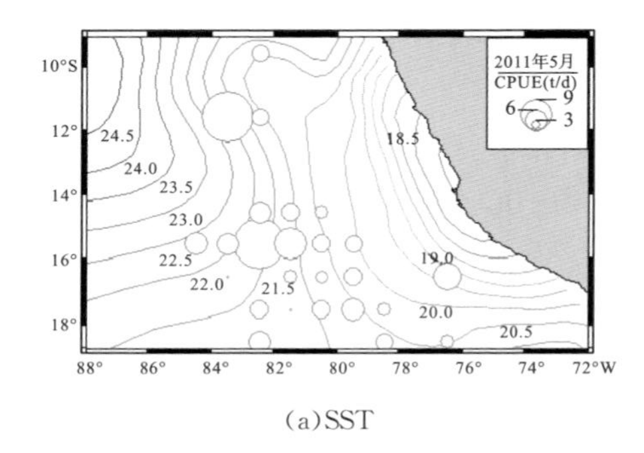

(a)SST

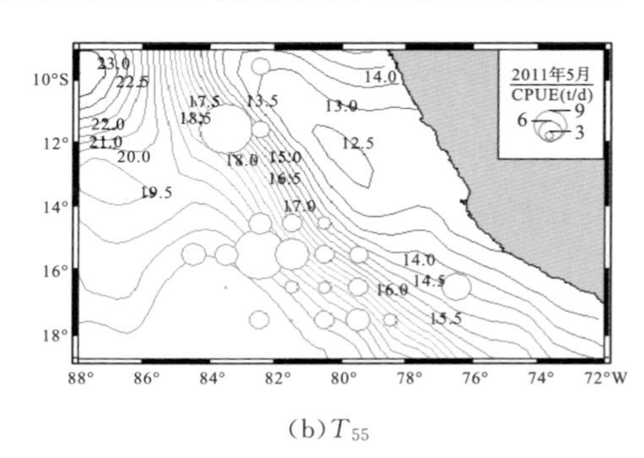

(b)T_{55}

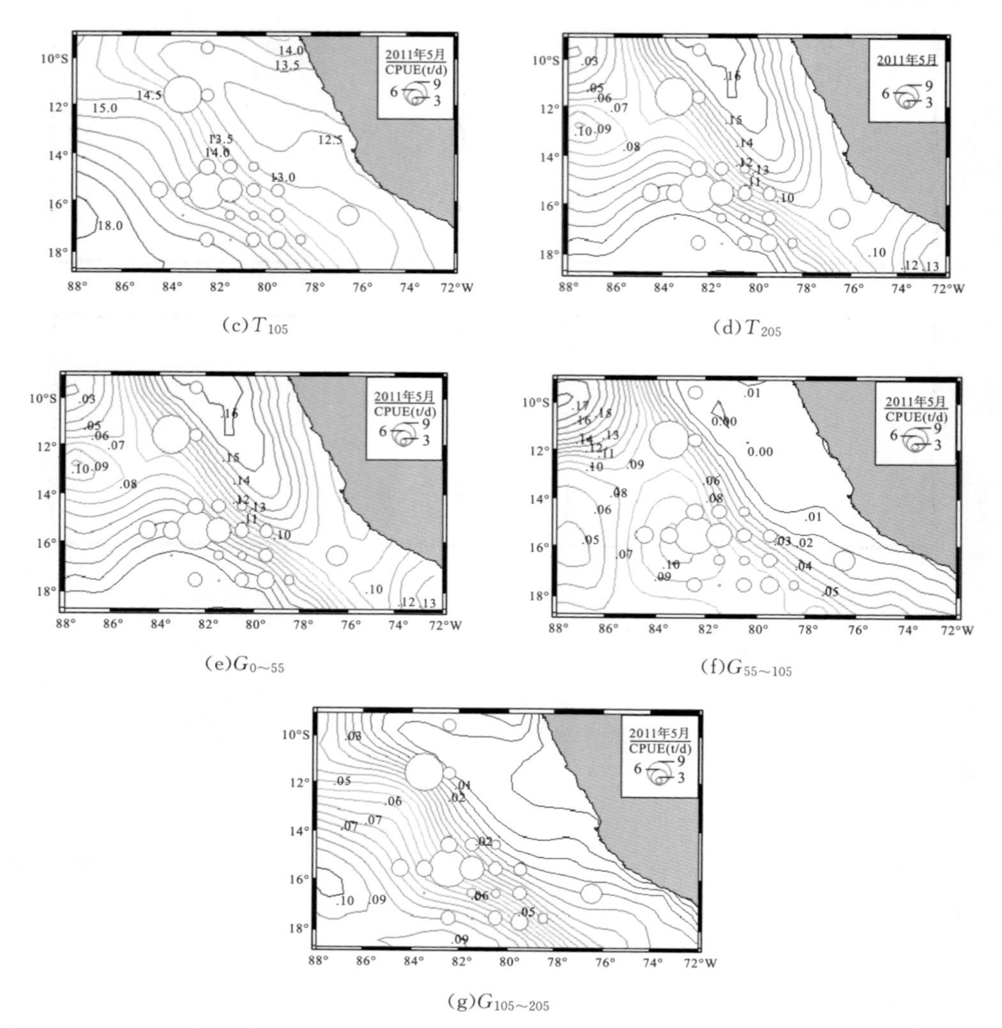

(c) T_{105}

(d) T_{205}

(e) $G_{0\sim55}$

(f) $G_{55\sim105}$

(g) $G_{105\sim205}$

图 2-8 2011 年 5 月秘鲁外海茎柔鱼渔场各水层水温(单位:℃)及温度梯度(单位:℃/m)的分布

2.2.4 智利外海水温分布与 CPUE 的关系

将智利外海茎柔鱼 CPUE 与 SST 进行叠加分析(图 2-9)可以看出，中心渔场主要分布在 75°~77°W，随着时间的推移，渔场中心有向南偏移的趋势。

1~5 月主要渔场分布的 SST 是 18~23℃，分布在等温线较密集的区域，其中 4 月、5 月产量较高。6~12 月主要渔场分布的 SST 是 15~19℃，分布在冷暖水团交汇靠近冷水团的水舌处，其中 8 月份产量较高。

以 5 月为例，分析该月各水层水温以及温度梯度与茎柔鱼渔场的关系(图 2-10)，智利外海茎柔鱼渔场分布 SST、55m 水层、105m 水层、205m 水层、0~55m 垂直温度梯度、55～105m 水层温度梯度和 105～205m 水层温度梯度对应的分别是 17～21℃、13～20℃、12～16℃、10～12℃、0～0.07℃/m、0.03～0.08℃/m 和 0.03～0.08℃/m。

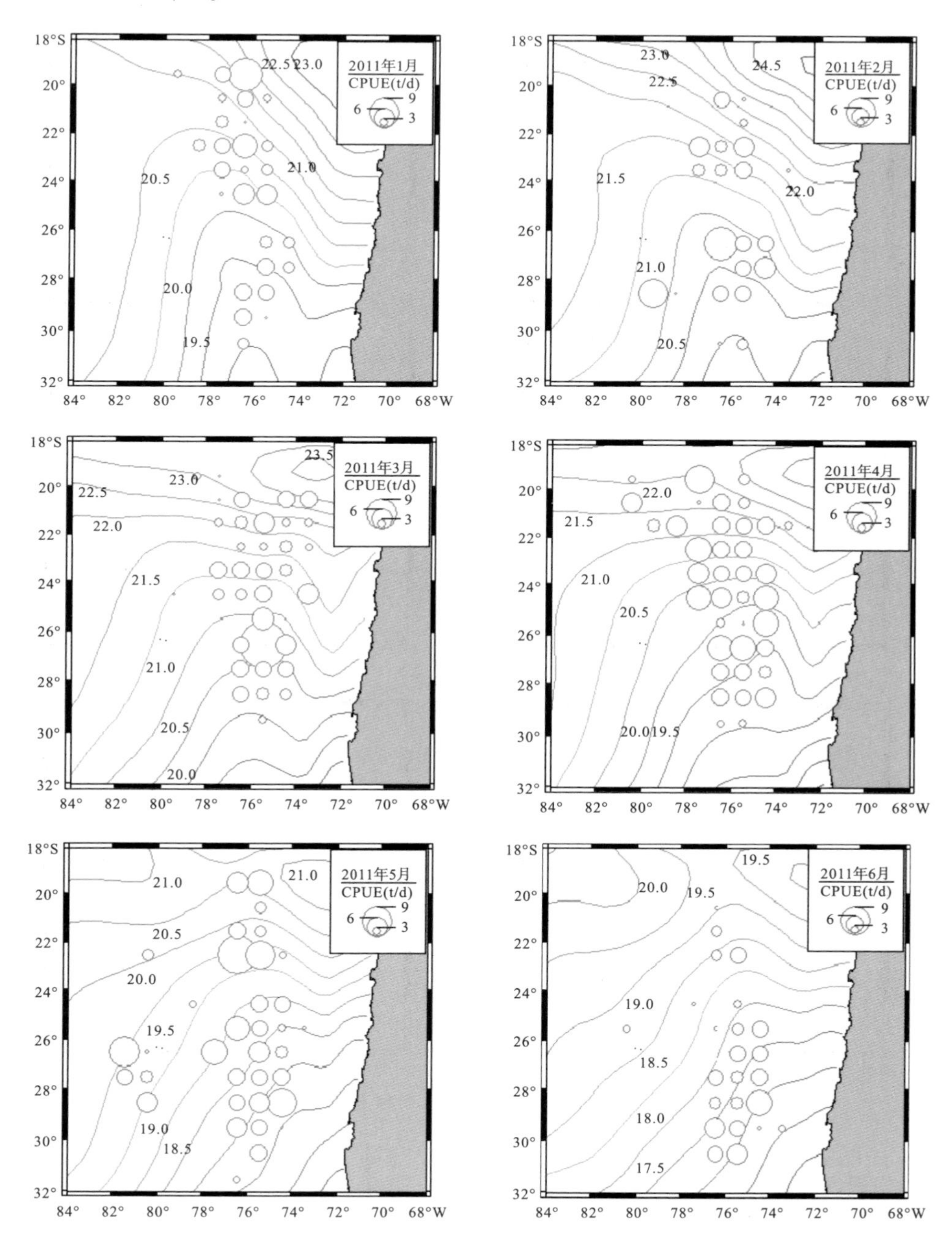

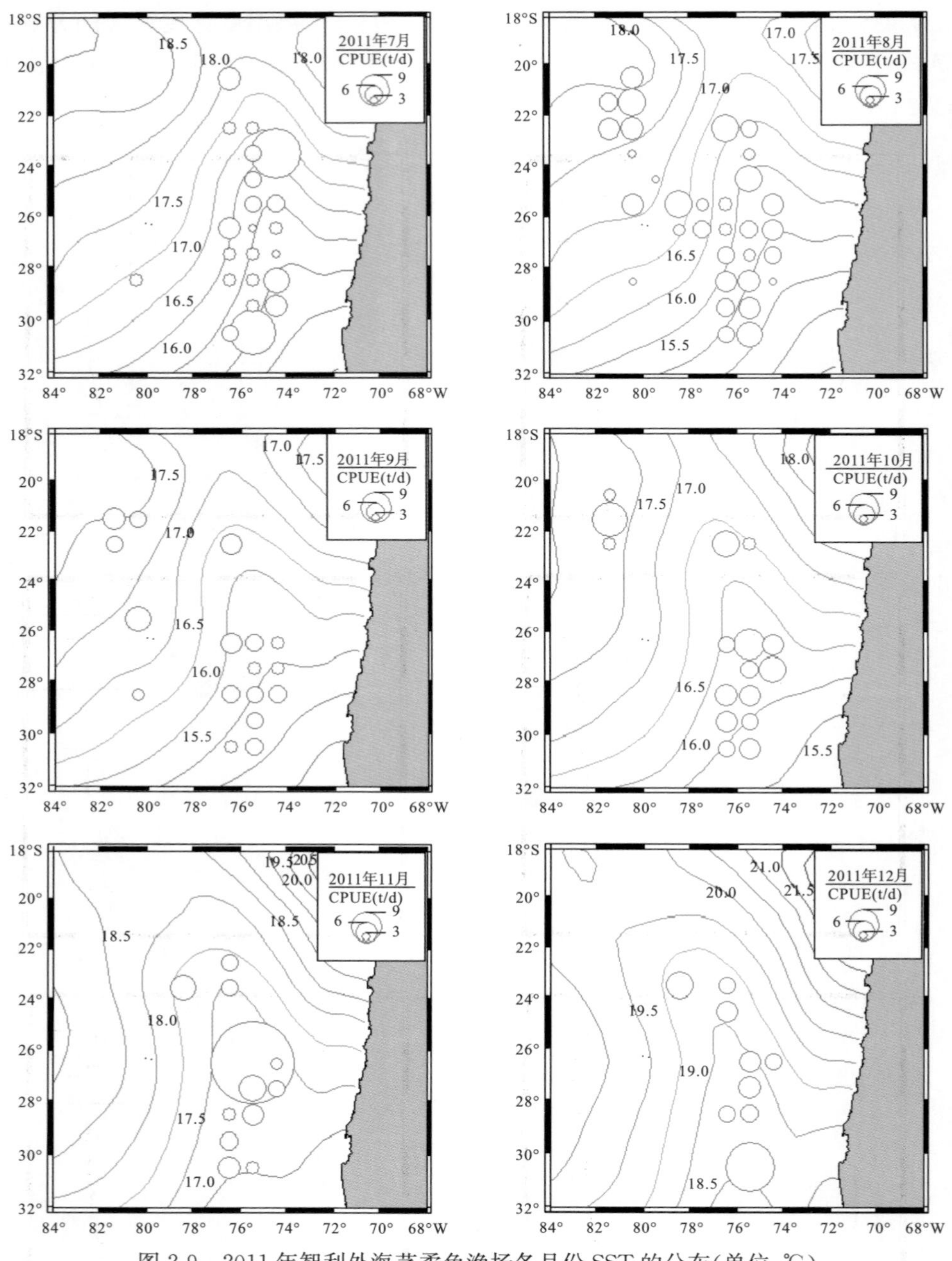

图 2-9 2011 年智利外海茎柔鱼渔场各月份 SST 的分布(单位:℃)

由图 2-10 可以看出，在海水表层，中心渔场主要分布在冷水团的水舌处。在 55m 水层和 105m 水层，中心渔场主要分布在等温线密集的区域，靠近冷水团。在 205m 水层，中心渔场主要分布在等温线稀疏的区域，位于冷水团的水舌处。从水温垂直结构分析，中心渔场主要分布在 0～55m 水层垂直温度梯度等温线密集区域偏向较高温度梯度方向、55～105m水层垂直温度梯度等温线较密集的区域偏向较低温度梯度方向、105～205m水层垂直温度梯度等温线密集区域偏向较低温度梯度方向。

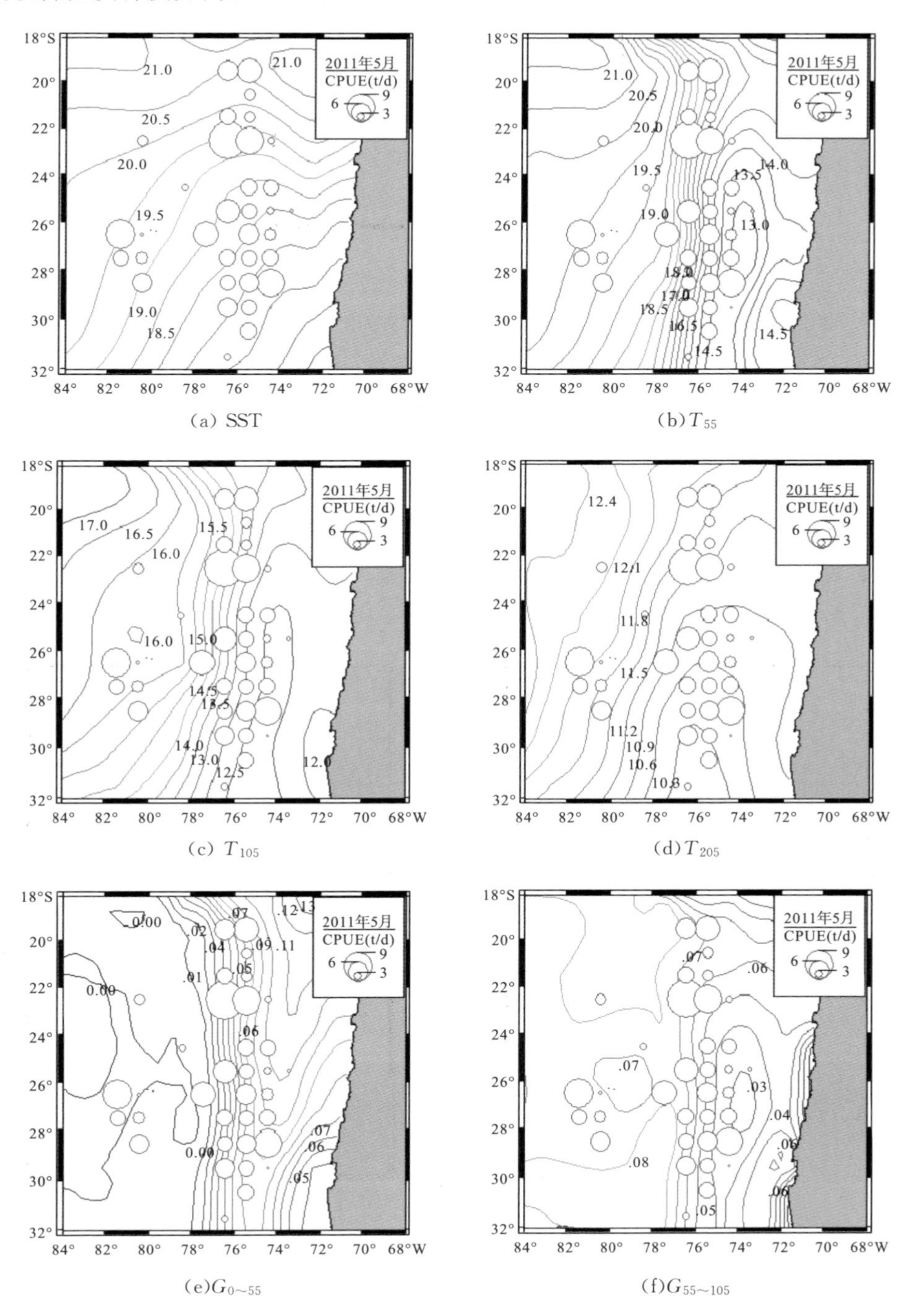

(a) SST (b) T_{55}

(c) T_{105} (d) T_{205}

(e) $G_{0\sim55}$ (f) $G_{55\sim105}$

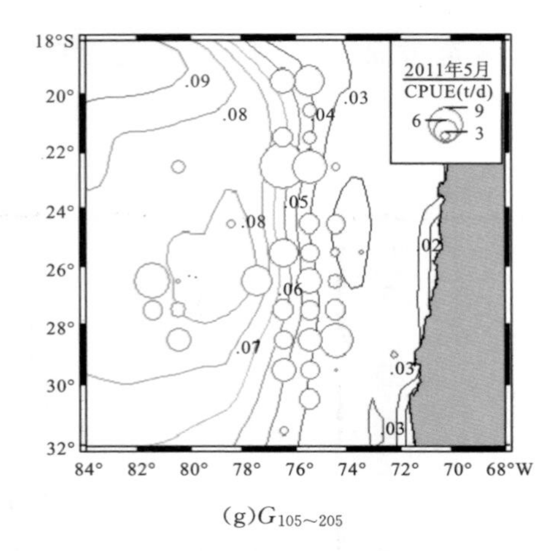

(g)$G_{105\sim205}$

图 2-10 2011 年 5 月智利外海茎柔鱼渔场各水层水温(单位:℃)及温度梯度(单位:℃/m)的分布

2.2.5 赤道公海附近海域水温分布与 CPUE 的关系

根据赤道公海附近海域各月份茎柔鱼 CPUE 与 SST 的叠加图(图 2-11)可以看出，北纬方向上的等温线较密集，较平缓，南纬方向上的等温线较稀疏，较弯曲。海表面 1 月份温度最低，随着月份的增加，温度逐渐升高，5 月份最高，6 月温度略微降低。

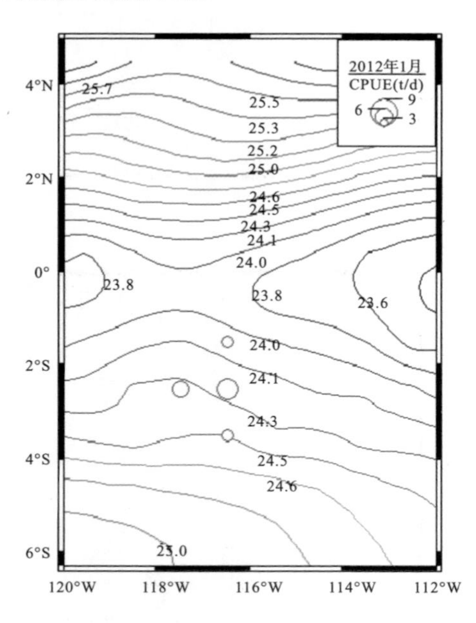

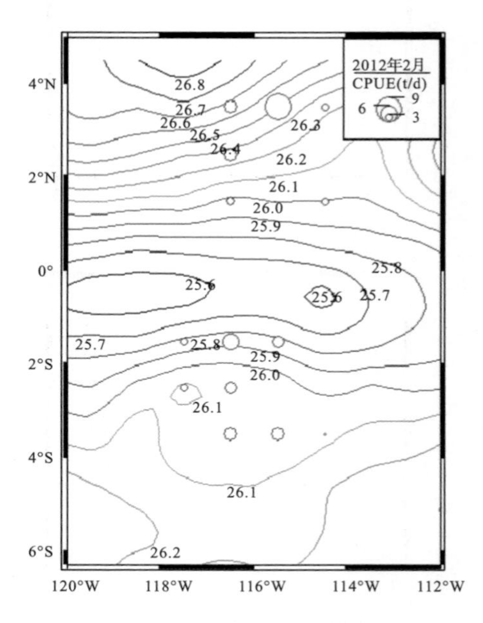

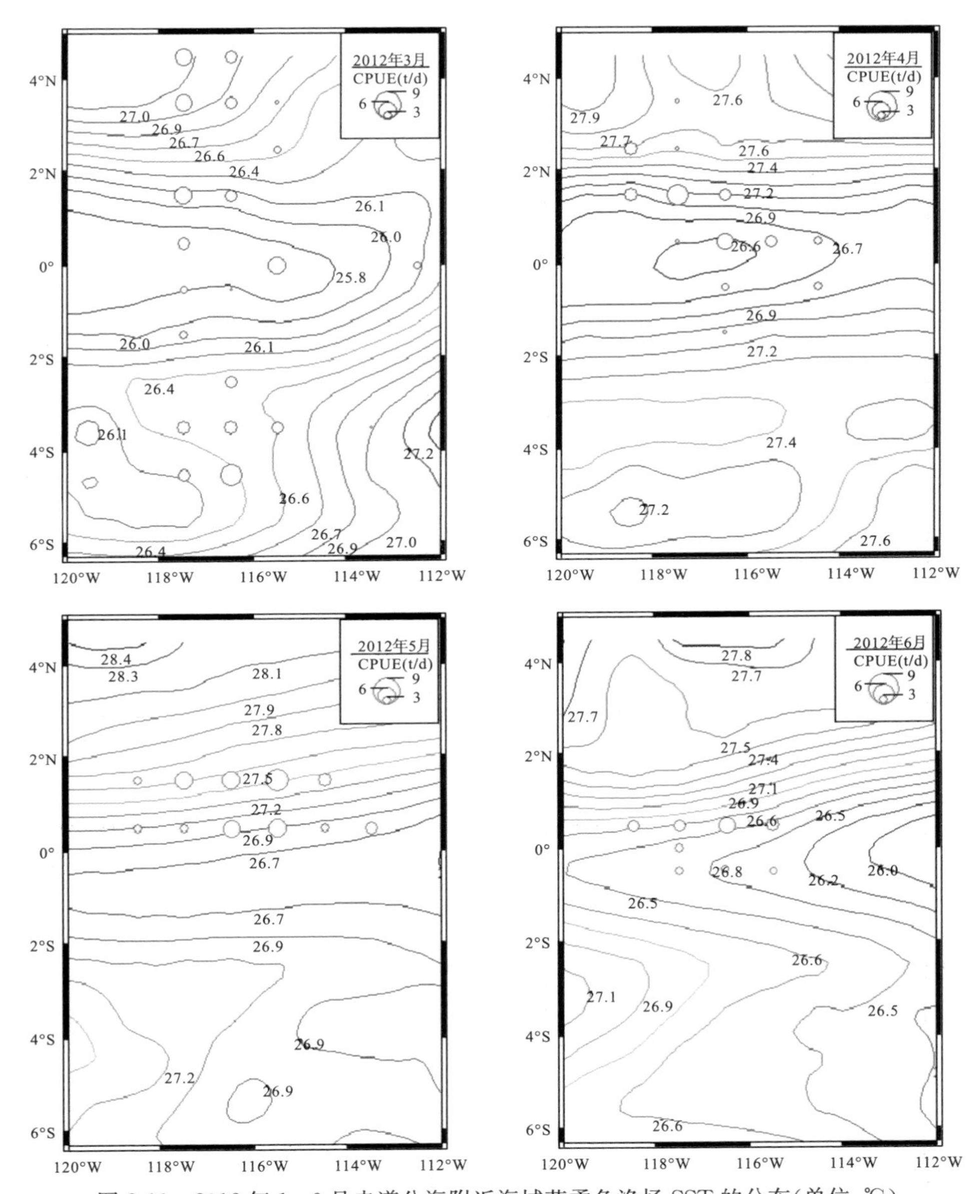

图 2-11　2012 年 1～6 月赤道公海附近海域茎柔鱼渔场 SST 的分布(单位:℃)

1～3 月，渔场主要是纵向分布，主要分布是 115°～118°W，其 SST 是 24～27℃，渔场中心有由南向北转移的趋势，3 月份产量最高。4～6 月渔场分布主要是横向分布，主要分布是 1°S～2°N，其 SST 是 26～28℃，5 月份产量较高，渔场中心有由北向南偏移的趋势(图 2-11)。

以 5 月份为例，分析该月各水层水温以及温度梯度与茎柔鱼渔场的关系(图 2-12)，赤道公海附近海域茎柔鱼渔场分布 SST、55m 水层、105m 水层、205m 水层、

0~55m垂直温度梯度、55~105m 水层温度梯度和 105~205m 水层温度梯度对应的范围分别是 26.7~27.8℃、19.6~21.1℃、14.8~17.2℃、12.3~13.2℃、0.12~0.17℃/m、0.06~0.12℃/m 和 0.05~0.08℃/m。

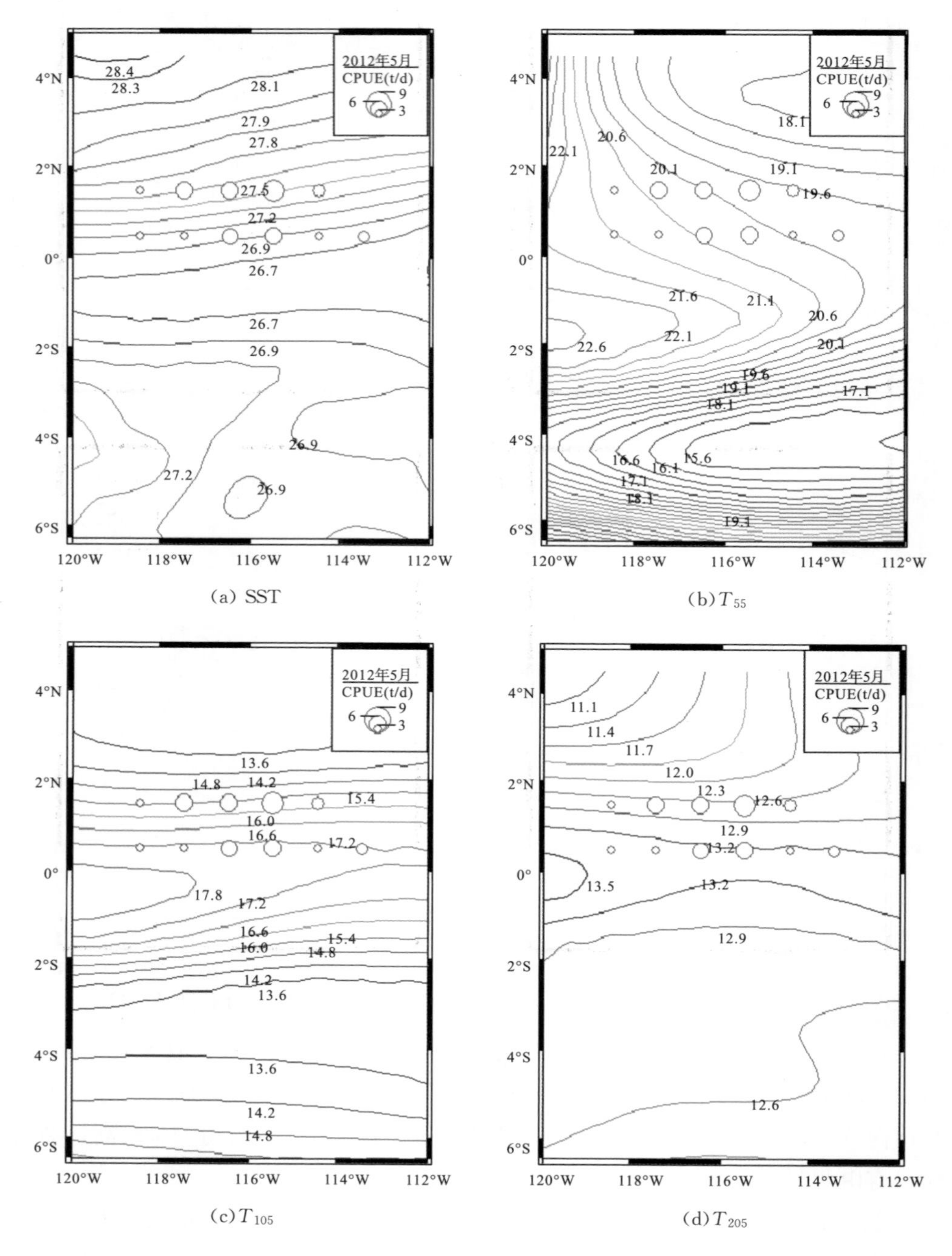

(a) SST (b) T_{55}

(c) T_{105} (d) T_{205}

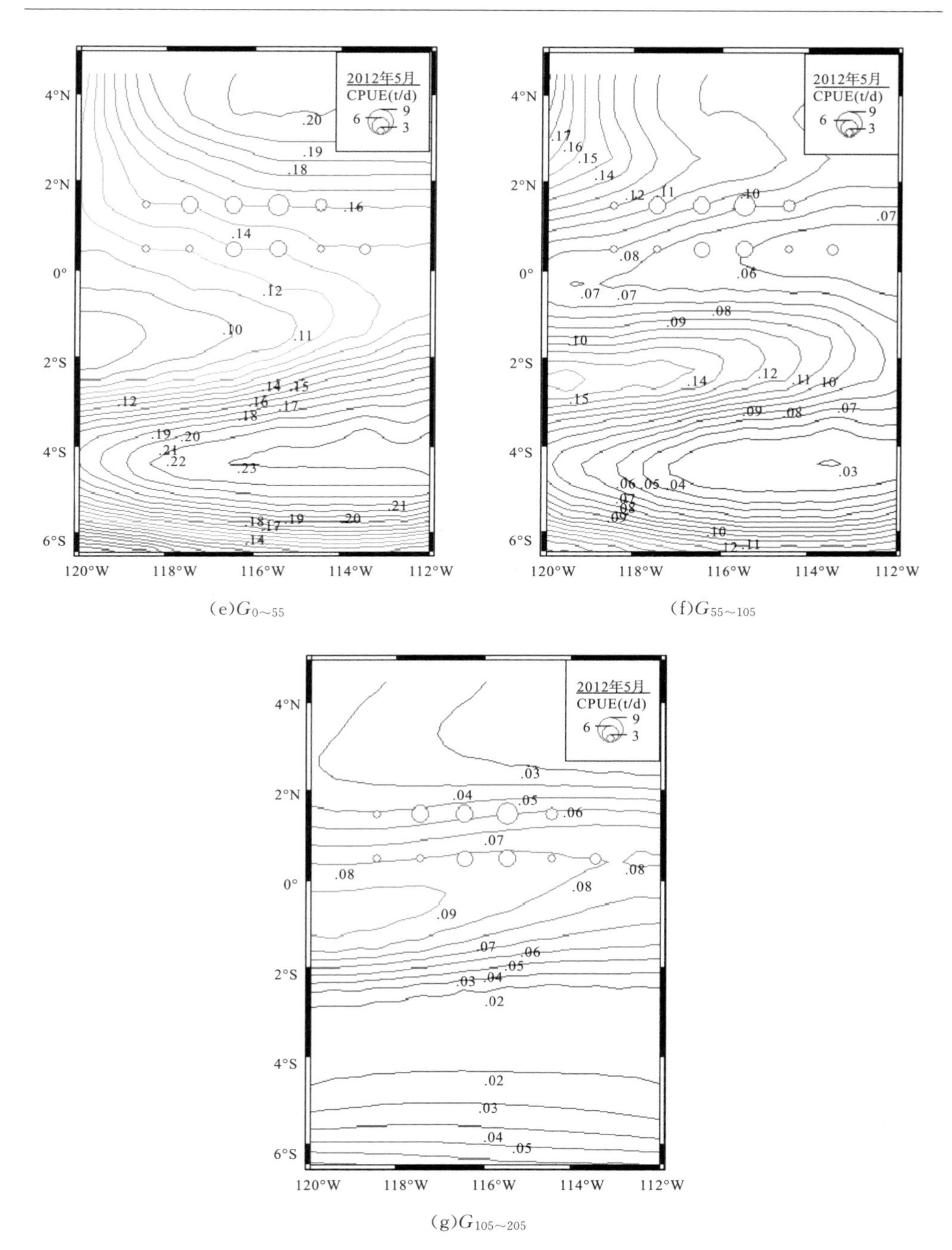

图 2-12　2012 年 5 月赤道公海附近海域茎柔鱼渔场各水层水温(单位:℃)及温度梯度(单位:℃/m)的分布

根据 CPUE 分布与各水层温度以及温度梯度的关系图可以看出(图 2-12)，在海水表层，渔场主要分布在等温线较密集的区域，靠近冷水团；在 55m 水层、105m 水层、205m 水层，渔场主要分布在暖水团水舌的一侧；在 0～55m 水层和

55～105m 水层，渔场主要分布在等温线较稀疏偏向高温度梯度一侧；在 105～205m 水层，渔场主要分布在等温线较稀疏偏向低温度梯度的一侧。

2.2.6 各海区各水温因子的信息增益分析

三个海区水温因子分类结果见表 2-2、表 2-3 和表 2-4。SST、T_{55}、T_{105}、T_{205}按 1℃间隔进行区间划分，$T_{0\sim55}$、$T_{55\sim105}$和 $T_{105\sim205}$温度梯度按照 0.02℃/m 进行区间划分，CPUE 按照 4t/d 进行区间划分。

表 2-2 秘鲁外海各属性对应的分类区间

属性(水温和 CPUE)	分类区间	区间总数
SST/℃	16～17，17～18，18～19，19～20，20～21，21～22，22～23，23～24，24～25，25～26	10
T_{55}/℃	13～14，14～15，15～16，16～17，17～18，18～19，19～20，20～21，21～22	9
T_{105}/℃	12～13，13～14，14～15，15～16，16～17，17～18，18～19	7
T_{205}/℃	12～13，13～14	2
$G_{0\sim55}$/(℃/m)	<0.02，0.02～0.04，0.04～0.06，0.06～0.08，0.08～0.10，0.10～0.12，0.12～0.14，0.14～0.16，0.16～0.18，0.18～0.20，0.20～0.22	11
$G_{55\sim105}$/(℃/m)	<0.02，0.02～0.04，0.04～0.06，0.06～0.08，0.08～0.10，0.10～0.12，0.12～0.14	7
$G_{105\sim205}$/(℃/m)	<0.02，0.02～0.04，0.04～0.06，0.06～0.08，0.08～0.10，0.10～0.12，0.12～0.14	7
CPUE/(t/d)	0～4，4～8，8～12，12～16，16～20，>20	6

表 2-3 智利外海各属性对应的分类区间

属性(水温和 CPUE)	分类区间	区间总数
SST/℃	15～16，16～17，17～18，18～19，19～20，20～21，21～22，22～23，23～24	9
T_{55}/℃	13～14，14～15，15～16，16～17，17～18，18～19，19～20，20～21	8
T_{105}/℃	11～12，12～13，13～14，14～15，15～16，16～17，17～18	7
T_{205}/℃	10～11，11～12，12～13	3
$G_{0\sim55}$/(℃/m)	<0.02，0.02～0.04，0.04～0.06，0.06～0.08，0.08～0.10，0.10～0.12，0.12～0.14，0.14～0.16，0.16～0.18	9

续表

属性(水温和CPUE)	分类区间	区间总数
$G_{55\sim105}$/(℃/m)	<0.02，0.02～0.04，0.04～0.06，0.06～0.08，0.08～0.10	5
$G_{105\sim205}$/(℃/m)	<0.02，0.02～0.04，0.04～0.06，0.06～0.08，0.08～0.10，0.10～0.12	6
CPUE/(t/d)	0～4，4～8，8～12，12～16，16～20，>20	6

表 2-4　赤道公海附近海域各属性对应的分类区间

属性(水温和CPUE)	分类区间	区间总数
SST/℃	24～25，25～26，26～27	3
T_{55}/℃	13～14，14～15，15～16，16～17，17～18，18～19，19～20，20～21，21～22，22～23，23～24	11
T_{105}/℃	13～14，14～15，15～16，16～17，17～18，18～19	6
T_{205}/℃	12～13，13～14	2
$G_{0\sim55}$/(℃/m)	0.06～0.08，0.08～0.10，0.10～0.12，0.12～0.14，0.14～0.16，0.16～0.18，0.18～0.20，0.20～0.22，0.22～0.24，0.24～0.26，0.26～0.28，0.28～0.30	12
$G_{55\sim105}$/(℃/m)	<0.02，0.02～0.04，0.04～0.06，0.06～0.08，0.08～0.10，0.10～0.12，0.12～0.14，0.14～0.16	8
$G_{105\sim205}$/(℃/m)	<0.02，0.02～0.04，0.04～0.06，0.06～0.08，0.08～0.10	5
CPUE/(t/d)	0～4，4～8，8～12，12～16，16～20，>20	6

将各海区各水温因子进行属性的区间划分，划分的间隔距离相等，计算各属性对应CPUE的信息增益值。结果表明(表2-5)，秘鲁外海SST、T_{55}、T_{105}、T_{205}、$G_{0\sim55}$、$G_{55\sim105}$、$G_{105\sim205}$水温因子对应CPUE的信息增益值分别为1.6995、1.6357、1.5289、0.7170、1.6142、1.3463和1.4550，信息增益值大小对应的水温因子的顺序依次为SST>T_{55}>$G_{0\sim55}$>T_{105}>$G_{105\sim205}$>$G_{55\sim105}$>T_{205}。智利外海SST、T_{55}、T_{105}、T_{205}、$G_{0\sim55}$、$G_{55\sim105}$、$G_{105\sim205}$水温因子对应CPUE的信息增益值分别为1.6066、1.3436、1.1074、0.5936、1.4733、1.0931和0.9489，信息增益值大小对应的水温因子的顺序依次为SST>$G_{0\sim55}$>T_{55}>T_{105}>$G_{55\sim105}$>$G_{105\sim205}$>T_{205}。赤道公海附近海域SST、T_{55}、T_{105}、T_{205}、$G_{0\sim55}$、$G_{55\sim105}$、$G_{105\sim205}$水温因子对应CPUE的信息增益值分别为0.7413、1.1974、1.1596、0.6079、1.1746、1.2599和1.0681，信息增益值大小对应的水温因子的顺序依次为$G_{55\sim105}$>T_{55}>$G_{0\sim55}$>T_{105}>$G_{105\sim205}$>SST>T_{205}。

表 2-5 各属性分别对应 CPUE 的信息增益值

属性(海温因子)	对应 CPUE 信息增益值		
	秘鲁外海	智利外海	赤道公海附近海域
SST	1.6995	1.6066	0.7413
T_{55}	1.6357	1.3436	1.1974
T_{105}	1.5289	1.1074	1.1596
T_{205}	0.7170	0.5936	0.6079
$G_{0\sim55}$	1.6142	1.4733	1.1746
$G_{55\sim105}$	1.3463	1.0931	1.2599
$G_{105\sim205}$	1.4550	0.9489	1.0681

2.2.7 各海区渔场与水温垂直剖面关系分析

本节选取三个海区 5 月份茎柔鱼中心渔场做垂直剖面分析，在秘鲁外海，茎柔鱼的中心渔场主要分布在 14°～17°S，选取 16°S 垂直断面水温剖面[图 2-13(a)]，海表面温度梯度明显，在 0～55m 水层存在较明显的温跃层。

在智利外海，茎柔鱼中心渔场主要分布在 74°～78°W，选取 76°W 垂直断面水温剖面[图 2-13(b)]，海表面温度梯度较明显，其温跃层主要集中在海表面到接近 100m 的水层，偏向 50m 水层。

在赤道公海附近海域，中心渔场主要分布在 0～2°N，选取 1°N 垂直断面水温剖面[图 2-13(c)]，在 50～100m 水层存在明显的温跃层，温跃层是渔场形成的一个重要水温因素。

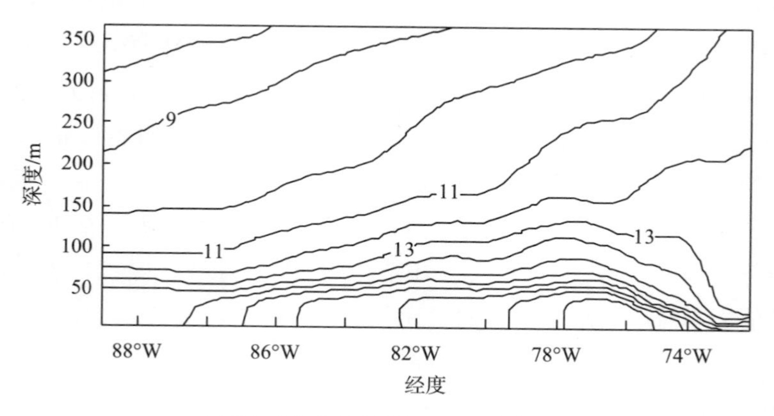

(a)秘鲁外海 5 月纬度为 16°S 垂直断面图

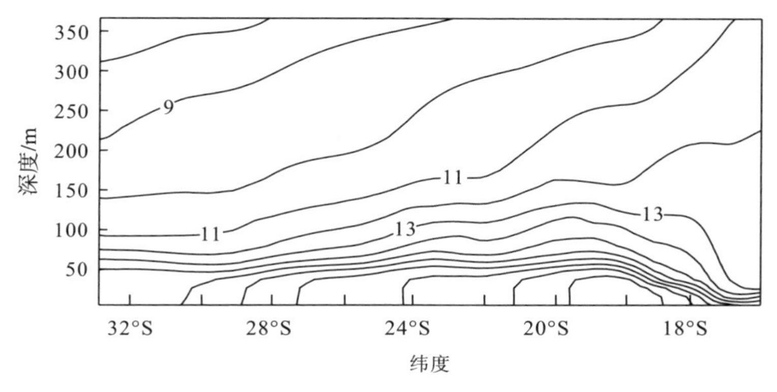

(b)智利外海 5 月经度为 76°W 垂直断面图

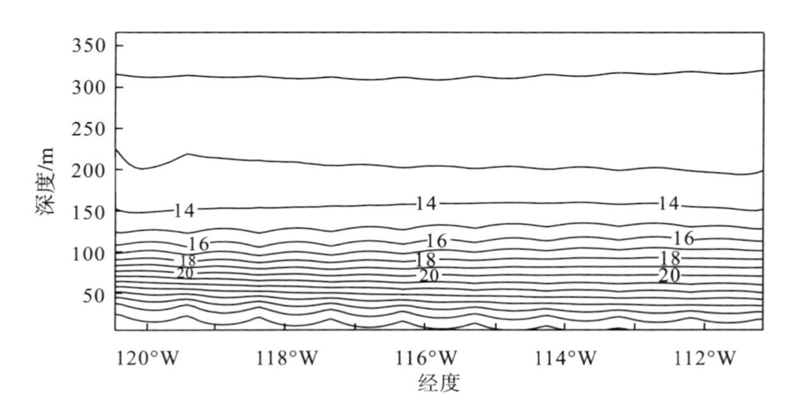

(c)赤道公海附近海域 5 月纬度为 1°N 垂直断面图

图 2-13　各海区茎柔鱼中心渔场垂直断面水温(单位:℃)分布图

2.3　分析与讨论

2.3.1　各海区海表温度分析

通过对各海区的 SST 进行比较，赤道公海附近海域的各月份 SST 略高于秘鲁外海，比智利外海平均高约 5℃。智利外海各月份的 SST 差异最大，赤道公海附近海域各月份的 SST 差异相对最小。其海水温度差异主要与各海区所处的地理位置密切相关。赤道公海附近海域和秘鲁外海处于热带，智利外海主要处于亚热带。智利外海和秘鲁外海全年各月份的 SST 呈现较明显的季节性变化，赤道公海附近海域全年各月份的 SST 季节变化不明显。

2.3.2　各海区海表温度与 CPUE 的关系

在秘鲁外海，沿岸上升流峰向岸一侧存在高密度的上升流海水，向海侧则是低密度的表层水(陈新军和赵小虎，2005)，渔场主要分布在上升流峰的向海侧。1～4 月秘鲁寒流的强度较弱，暖水团向东南方向移动，形成了流界渔场。6～10 月，秘鲁寒流强度加大，形成较强的上升流，形成了上升流渔场，产量较高。11～12 月，冷暖水团混合，水温升高形成了流界渔场。秘鲁外海茎柔鱼产量主要分布在 SST 为 19～25℃的海域，各季节作业渔场最适 SST 随着月份的变化而变化。

在智利外海，主要存在着秘鲁海流，秘鲁寒流上升流的规模直接影响着茎柔鱼的产量和分布。茎柔鱼产量主要分布在 SST 为 15～23℃的海域，各月份作业渔场的 SST 随月份呈现季节性变化，与秘鲁外海相比，其适宜 SST 较低，与两海区的海表面温度差异相符。陈新军和赵小虎(2005)对智利外海 4～6 月茎柔鱼作业渔场进行研究，认为其渔场分布的 SST 为 17～20℃，主要集中在 SST 为 17～19℃的海域，这与本书研究结论相符合。

在赤道公海附近海域，主要存在赤道海流(暖流)和赤道逆流(冷流)，渔场主要分布在赤道逆流的一侧。茎柔鱼产量主要分布在 SST 为 24～27℃的海域，温度跨度较小，也与赤道公海附近海域海表面温度温差小有关。与秘鲁和智利外海产量分布的 SST 范围相比，赤道公海附近海域明显较高，总体相差 2～9℃。

2.3.3　信息增益结果分析

信息增益结果表明，在智利和秘鲁外海影响茎柔鱼渔场分布的关键水温因子是 SST、T_{55} 和 $G_{0\sim55}$，而赤道公海附近海域的水温关键因子是 $G_{55\sim105}$、T_{55} 和 $G_{0\sim55}$。在前人的大量研究中，茎柔鱼的渔场分布与 SST 关系密切，但是对于赤道公海附近海域少有报道。赤道逆流和赤道暖流在 55～105m 水层分布明显，对茎柔鱼渔场分布起到关键性的影响。对于智利和秘鲁外海，茎柔鱼渔场的分布与 SST 的关系密切，具有较明显的特性，分布在水舌处；在 55m 水层，主要分布在等温线较密集的区域；在 0～55m 水层，垂直温度梯度等温线较密集区域的一侧。通过对中心渔场剖面图的分析，各海区渔场分布与该海区的各水层温度、垂直温度梯度关系密切，一般分布在表温温度梯度较大或者垂直温度梯度较大的区域，即存在明显的温跃层或者流界。其中心渔场垂直剖面图的分析结果与信息增益的计算结果基本一致，这再次说明信息增益的计算方法能较准确地定量分析水温因子与中心渔场分布的关系。

第 3 章　秘鲁外海茎柔鱼渔场时空分布分析

东南太平洋茎柔鱼渔场分布广泛，但年间变化和差异很大，这些差异是不是秘鲁外海年间海洋环境变化所引起，比如厄尔尼诺事件和拉尼娜事件等，也就是说海洋环境变化是否影响到茎柔鱼渔场的时空分布，这是本章的研究目的。为此，本章采用空间距离分析和聚类分析的方法，利用我国鱿钓船于 2003～2004 年和 2006～2009 年在秘鲁外海捕捞茎柔鱼的生产统计数据，并结合相应的海洋环境数据分析渔场时空变化规律，探讨海洋环境对渔场时空分布的影响，为今后茎柔鱼资源的开发利用提供科学依据。

3.1　材料与方法

3.1.1　材料

本章所采用的渔获数据来自上海海洋大学鱿钓课题组，内容包括作业经纬度、作业日期、作业船次、产量(t)。海表温度(SST)数据来自美国航空航天局网站 http://www.nasa.gov/，空间分辨率为 0.04°×0.04°。

3.1.2　分析方法

(1)以渔获产量的空间分布变化来表达作业渔场的时空分布。利用重心分析法算出 2003～2004 年、2006～2009 年各月份作业渔场的重心，其公式为

$$X = \sum_{i=1}^{k}(C_i \times X_i) / \sum_{i=1}^{k} C_i \tag{3-1}$$

$$Y = \sum_{i=1}^{k}(C_i \times Y_i) / \sum_{i=1}^{k} C_i \tag{3-2}$$

式中，X、Y 为某一年度的产量重心位置，分别是经度和纬度；C_i 为渔区 i 的产量；X_i 为某一年度渔区 i 中心点的经度；Y_i 为某一年度渔区 i 中心点的纬度；k

为某一年度渔区的总个数。

(2)分别计算各年产量重心间的空间距离，比较其年间变化。空间距离公式为

$$R_{mn}=\sqrt{[(X_m-X_n)^2+(Y_m-Y_n)^2]/2} \tag{3-3}$$

式中，R_{mn}为m年与n年产量重心之间的距离；X_m、X_n和Y_m、Y_n分别为m年和n年产量重心的经、纬度。

(3)利用聚类分析法，将2003～2004年、2006～2009年各年的产量重心按照最短距离法进行聚类，分析比较其变化差异。

3.2 研究结果

3.2.1 各年1～12月渔场重心变化分析

在经度方向上，各月份产量重心分布如下：1月和2月分布在82°10′～84°W海域，3月分布在80°50′～85°W海域，4月分布在79°50′～84°W海域，5月分布在80°～81°30′W海域，6月分布在79°～82°10′W海域，7月分布在80°～81°40′W海域，8月分布在81°～83°W海域，9～10月分布在81°～84°W海域，11月和12月分布在81°07′～83°20′W海域(图3-1)。

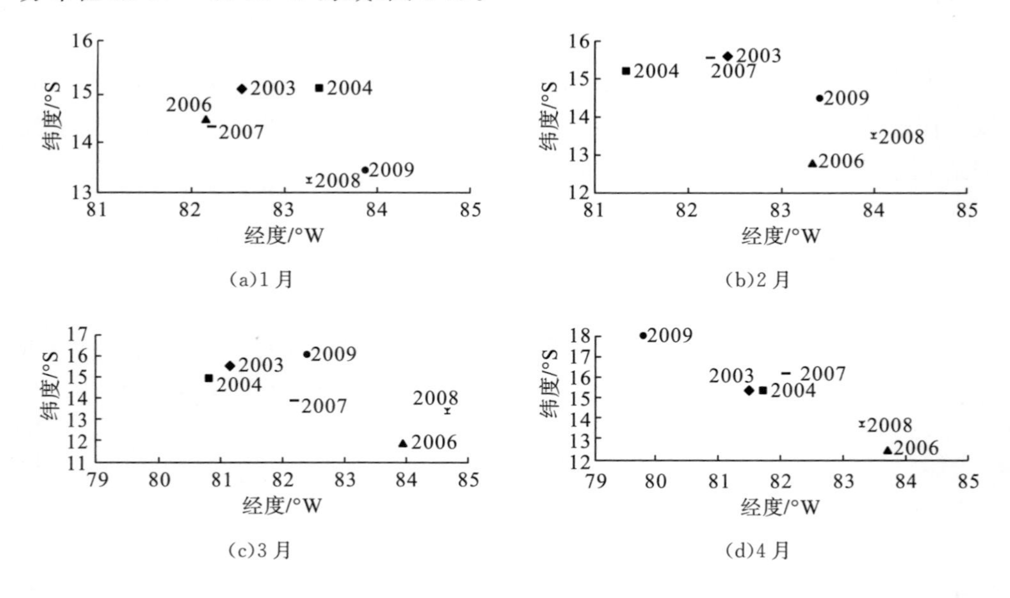

(a)1月 (b)2月

(c)3月 (d)4月

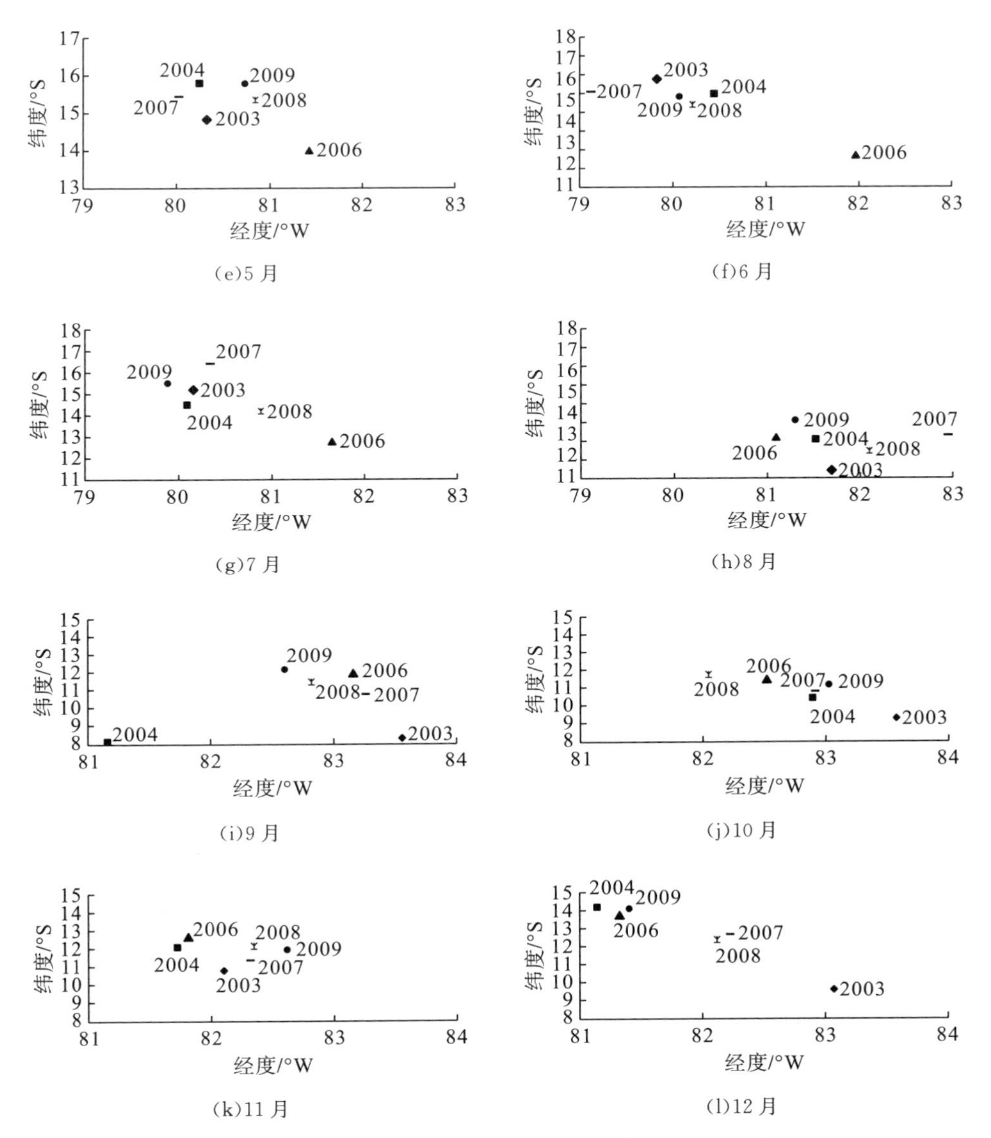

图3-1　1～12月秘鲁外海茎柔鱼各年度产量重心分布图

在纬度方向上，各月份产量重心分布如下：1月分布在13°～15°S海域，2月分布在13°～16°S海域，3月分布在12°～16°S海域，4月分布在12°～18°S海域，5月分布在14°～16°30′S海域，6～7月分布在13°～17°S海域，8月分布在11°～14°S海域，9～10月分布在8°～12°S海域，11月分布在11°～13°S海域，12月分布在9°～14°S海域(图3-1)。

分析认为，各年间产量重心差异明显，1～6月产量重心在经度上最大相差4°，纬度方向整体上保持向北移动的趋势；7～12月经度相差最大值约为2°，纬度方向上出现了向南移动的趋势(图 3-1)。

3.2.2 年间产量重心分布比较

从表 3-1 可以看出，年间空间距离的最小值是 2007 年和 2009 年的 0.306，最大值是 2006 年和 2009 年的 1.181。假设以空间距离 0.6 为阈值，可将 6 年的产量重心分为 2 类，即(2003 年、2006 年、2008 年)、(2004 年、2007 年、2009 年)(图 3-2)。

表 3-1 秘鲁外海茎柔鱼各年产量重心的空间距离

年份	2003	2004	2006	2007	2008	2009
2003	0	0.512	0.447	0.553	0.405	0.857
2004		0	0.948	0.351	0.786	0.532
2006			0	0.885	0.328	1.181
2007				0	0.622	0.306
2008					0	0.895
2009						0

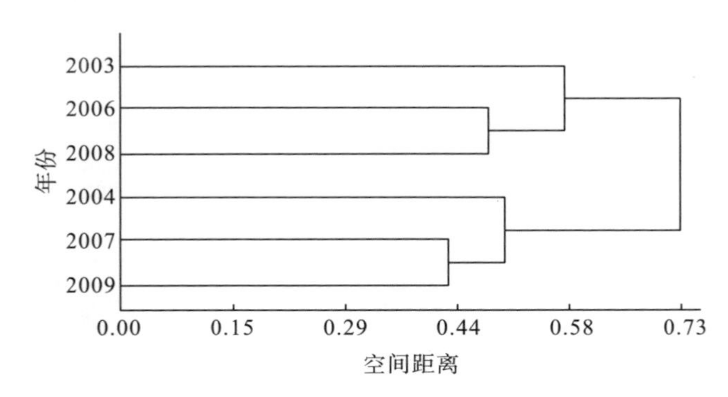

图 3-2 秘鲁外海茎柔鱼各年产量重心聚类结果

3.2.3 极端年份的产量重心差异比较及与环境的关系

分析认为，2006 年和 2009 年的年产量平均重心差异最大(图 3-3)。2006 年平均产量重心为 82°23′W 和 12°53′S，在 6 个年份中最为偏北；2009 年平均产量重心为 81°47′W 和 14°27′S，在 6 个年份中最为偏南。

进一步分析 2006 年和 2009 年各月份产量重心发现，2006 年各月产量重心分

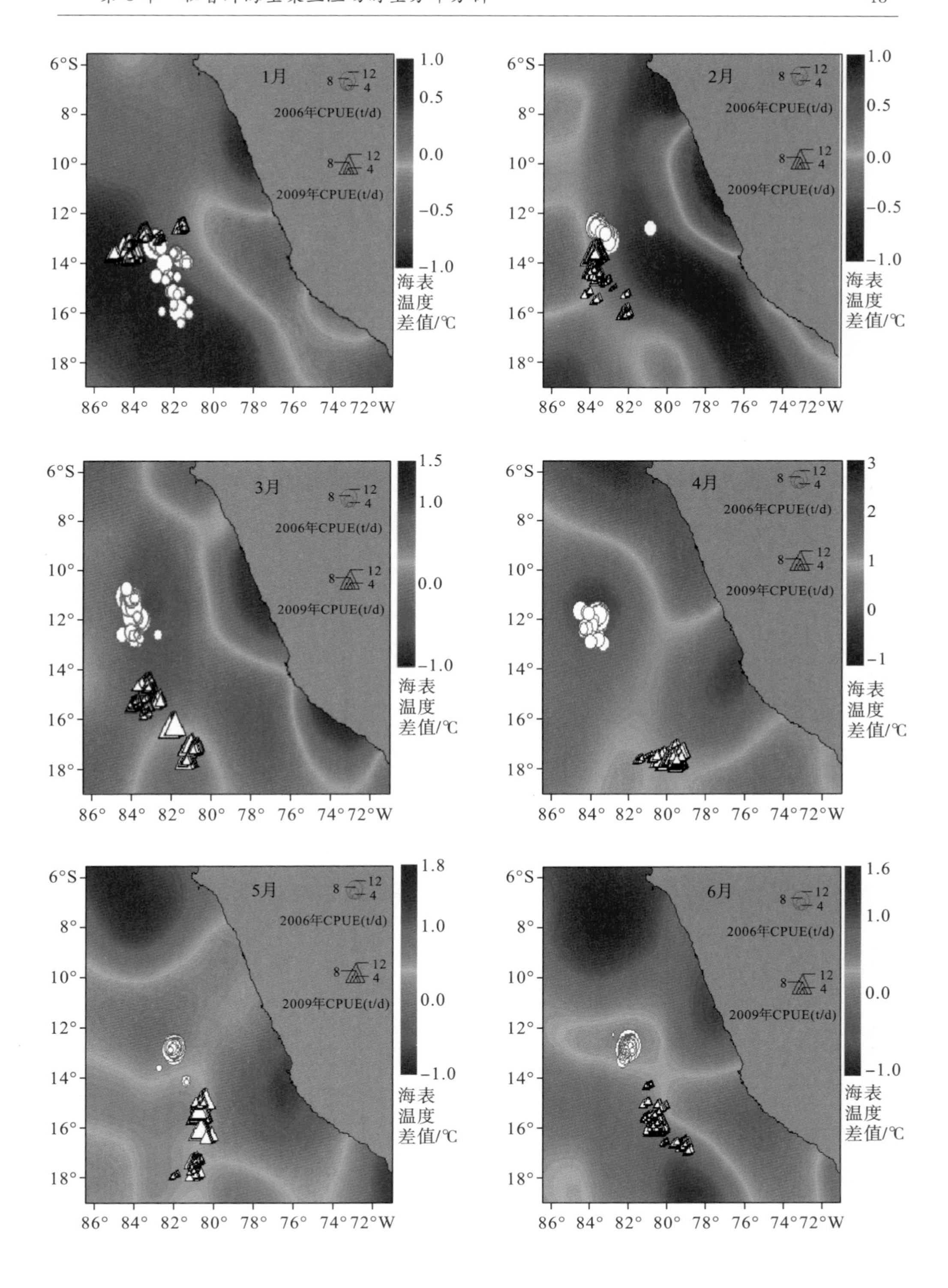
1月
2006年CPUE(t/d)
2009年CPUE(t/d)
海表温度差值/℃
2月
3月
4月
5月
6月
6°S
8°
10°
12°
14°
16°
18°
86° 84° 82° 80° 78° 76° 74° 72°W

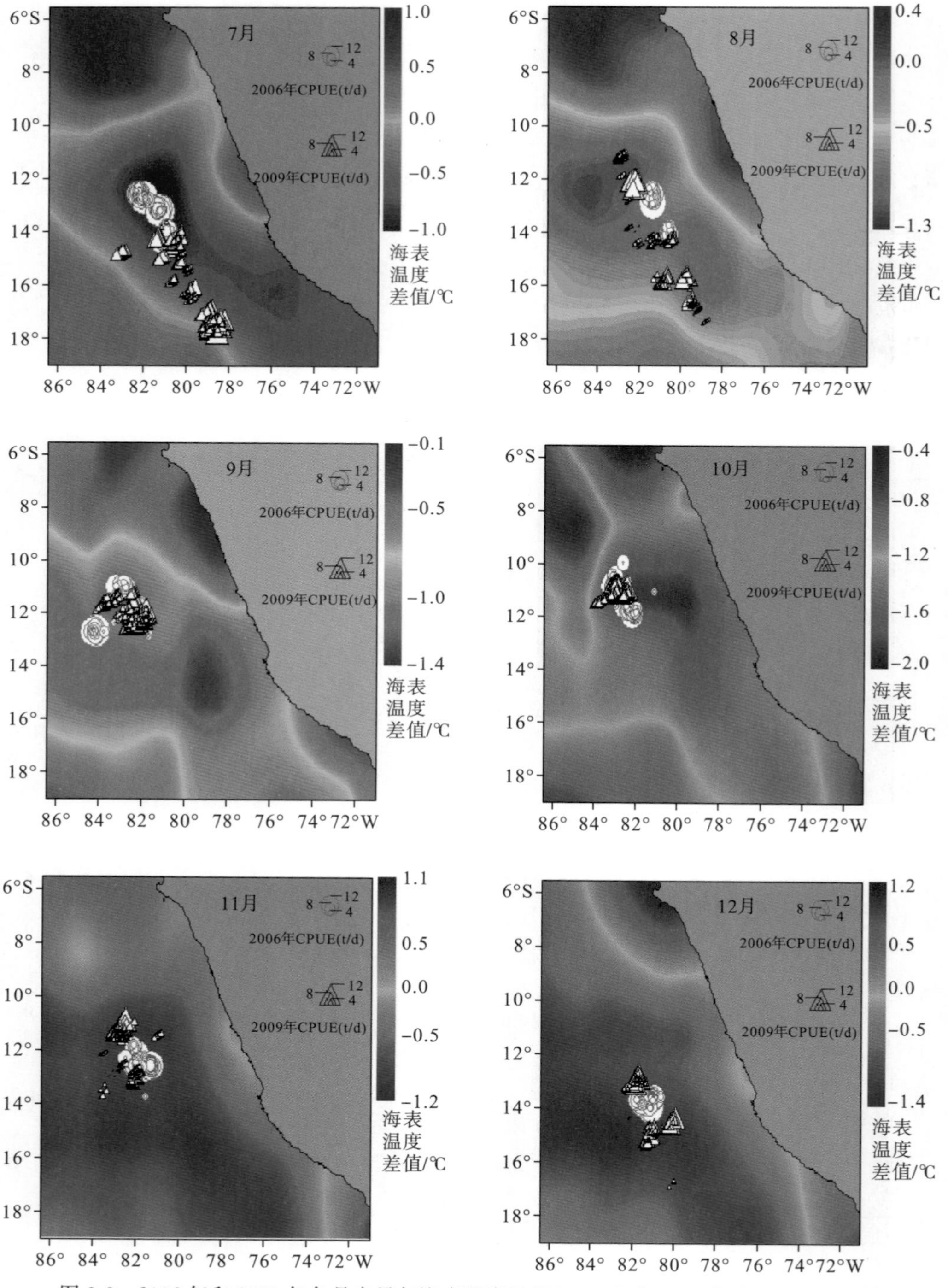

图 3-3 2006 年和 2009 年各月产量与海表温度差值(2009 年与 2006 年之差)的分布图

布在 81°～84°W、13°～15°S，产量重心分布相当集中；而 2009 年各月产量重心分布广泛，为 78°～84°W、10°～19°S(图 3-3)。由图 3-3 可知，2006 年和 2009 年产量分布海域的海表温度存在较大差异。其中，2 个年份中海表温度差值最小的是 9 月份，差值是−1.35～(−0.11)℃；差值最大的是 4 月份，差值是−0.31～2.71℃。从图 3-3 中可以看出，2006 年和 2009 年 4 月产量分布的范围存在明显差异，2006 年 4 月作业渔场分布在 83°～85°W、11°～14°S 海域，2009 年 4 月作业渔场分布在 79°～82°W、17°～18°S 海域，南北相差 4 个纬度。而 9 月份产量分布范围的差异则较小，产量分布在 11°～13°S。可见，海表温度对茎柔鱼产量的分布有着重要的影响。

3.3　讨论与分析

3.3.1　茎柔鱼渔场的时空分布

根据我国鱿钓船生产统计资料分析，在秘鲁外海海域，茎柔鱼渔场广泛分布在 4°～18°S 海域。中国鱿钓船的捕捞产量主要来自 10°～16°S 的作业渔场，约占总产量的 60%以上，个别年份所占比例接近 99%(表 3-2)；其次为 8°～10°S、16°～18°S 的作业渔场，比例最小的为 4°～6°S 的作业渔场。值得注意的是，2006 年以后，在 8°S 以北海域我国鱿钓船的捕捞产量均为 0(表 3-2)。

表 3-2　2004～2009 年我国鱿钓船在秘鲁外海捕捞产量按纬度的分布

纬度	产量比例/%					
	2004 年	2005 年	2006 年	2007 年	2008 年	2009 年
4°～6°S	0.00	0.24	0.00	0.00	0.00	0.00
6°～8°S	2.91	6.69	0.00	0.00	0.00	0.00
8°～10°S	28.18	7.27	0.85	2.95	3.19	0.59
10°～12°S	2.69	18.52	14.94	25.51	12.80	23.06
12°～14°S	35.78	32.80	75.69	39.60	51.93	24.85
14°～16°S	22.84	21.00	8.15	18.80	27.46	35.83
16°～18°S	7.60	13.48	0.37	13.14	4.62	15.67

研究认为，茎柔鱼作业渔场各年基本上表现为南北移动的特性，即 1～6 份的重心纬度向北移动，7～12 月则出现向南移动的趋势，这一现象可能是茎柔鱼自身的南北洄游和海洋环境变化引起的。

3.3.2 渔场年间分布差异的原因分析

秘鲁外海存在广泛的上升流，由于营养盐和饵料生物丰富，该海区能形成稳定的渔场，适合鱿钓渔船的常年作业。研究认为，海表温度和表温距平值与茎柔鱼渔场形成及其空间分布关系密切(胡振明和陈新军，2008；胡振明等，2009)。研究表明，2006 年秘鲁外海作业渔场适宜海表温度为 18～23℃，而 2004 年秘鲁外海作业渔场的适宜海表温度为 17～22℃(Waluda and Rodhouse，2005)，Taipe 等(2001)认为秘鲁沿岸茎柔鱼作业渔场的适宜海表温度为 14～30℃，最高 CPUE 出现在海表温度为 17～23℃的海域。一些证据表明，茎柔鱼资源状况以及渔场分布与厄尔尼诺事件极为密切。由于厄尔尼诺事件，1997 年和 1998 年茎柔鱼资源量出现下降，作业出现变化，秘鲁外海茎柔鱼产量剧减(Waluda et al.，1999)。本研究认为，2006 年和 2009 年作业渔场的产量重心发生很大的差异，各月作业渔场分布也存在差异。通过 2 个年度表温分布分析认为，海表温度变化是 2 个年度作业渔场有显著差异的主要原因之一。

3.3.3 其他问题的探讨

本章结合 2003～2004 年、2006～2009 年 6 年的秘鲁外海茎柔鱼生产统计数据，利用聚类分析和空间距离的方法对其作业渔场的分布进行了初步研究，从中发现了茎柔鱼渔场年间差异及其与表温等的关系。由于头足类是短生命周期种类，其资源变动对环境变化极为敏感(Waluda and Rodhouse，2006)，同时秘鲁外海茎柔鱼栖息于上升流渔场，且其自身具有昼夜垂直移动的生活习性，所以水温垂直结构以及温跃层可能对渔场形成及其空间分布也有一定的影响。因此，在今后的研究中需要结合茎柔鱼不同生活史过程(如产卵和索饵洄游等)，利用温度、盐度、叶绿素浓度、饵料生物等生物和非生物环境因子，以及全球气候变化因子(如 Nino 3.4 等)系统深入地对茎柔鱼资源和渔场时空分布进行研究。

3.4 小 结

(1)初步掌握 2003～2009 年秘鲁外海茎柔鱼渔场的变化情况，了解海洋环境对其渔场变化的影响作用，并利用数据统计方法详细阐述不同环境因子影响下，茎柔鱼渔场分布所表现出的不同变化情况。

(2)研究认为各年产量重心的分布都存在一定差异，产量重心在经度上随月份整体呈现向西移动的趋势，在纬度方向上 1～6 月整体上呈向北移动的趋势，7～12 月则表现出向南移动的趋势。

(3)聚类分析表明，2003 年、2006 年、2008 年为一类，2004 年、2007 年、2009 年为一类。空间距离分析表明，2006 年和 2009 年产量重心差异最大，其中前者平均产量重心为 82°23′W、12°53′S，后者为 81°47′W、14°27′S，南北相差约 1.5 个纬度。

(4)月间渔场分布变化可推测茎柔鱼自身南北洄游所引起的，年间渔场分布差异与 SST 等海洋环境关系密切。

(5)茎柔鱼具有昼夜垂直移动的生活习惯，水温垂直结构以及温跃层可能对其资源分布有影响作用。

第4章　厄尔尼诺事件和拉尼娜事件对秘鲁外海茎柔鱼渔场分布的影响

作为短生命周期柔鱼类，茎柔鱼的资源量对环境变化极为敏感。全球气候异常也会使其资源和渔场发生波动，特别是厄尔尼诺(El Niño)事件和拉尼娜(La Niña)事件。有研究认为，厄尔尼诺事件会导致茎柔鱼资源量的减少，捕捞产量的下降，如1997年和1998年厄尔尼诺事件使茎柔鱼资源量出现下降、作业出现变化，秘鲁外海茎柔鱼产量剧减。但厄尔尼诺事件和拉尼娜事件对茎柔鱼渔场空间分布是否有影响，目前还没有关于这方面的报道。另外，秘鲁外海茎柔鱼栖息于上升流渔场，厄尔尼诺事件和拉尼娜事件会引起水温垂直结构以及温跃层的变化，从而对渔场形成及其空间分布产生一定的影响。因此，本章利用我国鱿钓船生产统计数据，选取海表温度(SST)和深层水温及其水温垂直结构作为环境影响因子，并结合厄尔尼诺事件和拉尼娜事件发生时段，分析茎柔鱼渔场分布及其环境状况，掌握其资源空间分布的变化规律，为合理开发和利用秘鲁外海茎柔鱼资源提供依据。

4.1　材料与方法

4.1.1　生产数据

生产数据来自上海海洋大学鱿钓课题组，时间为2005年1月～2009年12月。统计对象为我国在秘鲁外海生产的鱿钓船。统计内容包括日期、经度、纬度、日产量和渔船数。

4.1.2　环境数据

厄尔尼诺和拉尼娜事件采用Nino 3.4 SSTA指标来表征，资料来自美国国家海洋大气局(NOAA)气候预报中心网站(http://www.cpc.ncep.noaa.gov/)，时间为 2005～2009 年。水温数据来自美国哥伦比亚大学海洋环境数据库，包括海表温度(SST)和垂直水温数据(5～300m)，时间为 2005～2009 年，时间分辨率为月，空间分辨率分别为 1°×1°和 0.5°×0.5°。

4.1.3 分析方法

(1)定义经纬度 0.5°×0.5°为一个渔区，按月计算单位捕获努力渔获量(CPUE)，单位为 t/d。

(2)依据 NOAA 对厄尔尼诺事件和拉尼娜事件定义，Nino 3.4 区 SSTA 连续 3 个月滑动平均值超过+0.5℃，则认为发生一次厄尔尼诺事件；若连续 3 个月低于−0.5℃，则认为发生一次拉尼娜事件，然后选出相应月份进行分析比较。

(3)利用 Marine Explore 4.8 绘制厄尔尼诺事件和拉尼娜事件发生月份的 CPUE 和 SST 叠加分布图，分析 CPUE 空间分布与 SST 的关系。

(4)由于茎柔鱼夜晚上游至 0～200m 的水层活动(Nigmatullin et al.，2001)，所以选取 15m 水层温度(T_{15})、50m 水层温度(T_{50})、100m 水层温度(T_{100})和 200m 水层温度(T_{200})作为垂直水温的研究指标，分析 CPUE 空间分布与各层水温的关系。

(5)利用 Sufer 8.0 软件绘制厄尔尼诺事件和拉尼娜事件发生月份的高产区域水温垂直剖面图，分析中心渔场的垂直水温结构。

4.2 研究结果

4.2.1 厄尔尼诺事件和拉尼娜事件的确定

统计发现，2005 年 1 月～2009 年 12 月间共发生厄尔尼诺事件 2 次，分别是 2006 年 8 月～12 月和 2009 年 6 月～12 月；发生拉尼娜事件 3 次，分别是 2006 年 1 月～3 月、2007 年 10 月～2008 年 5 月和 2009 年 1 月～3 月(图 4-1 和表 4-1)。

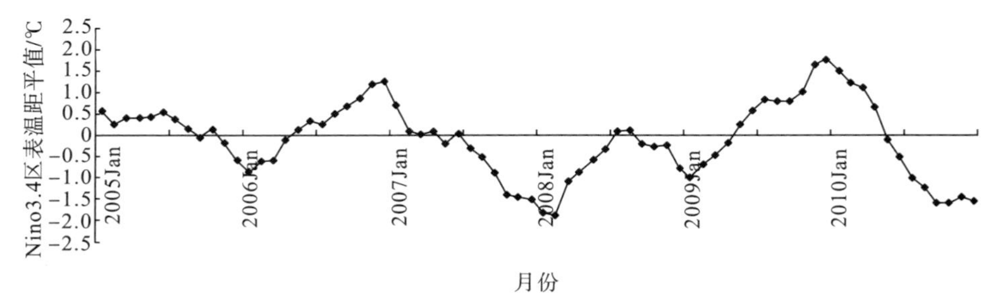

图 4-1 2005 年 1 月～2009 年 12 月 Nino 3.4 区 SSTA 时间序列分布图

表 4-1 2005~2009 年各月受厄尔尼诺事件和拉尼娜事件的影响情况

年份	1月	2月	3月	4月	5月	6月	7月	8月	9月	10月	11月	12月
2005	N	N	N	N	N	N	N	N	N	N	N	N
2006	LN	LN	LN	N	N	N	N	EN	EN	EN	EN	EN
2007	N	N	N	N	N	N	N	N	LN	LN	LN	LN
2008	LN	LN	LN	LN	LN	N	N	N	N	N	N	N
2009	LN	LN	LN	N	N	EN	EN	EN	EN	EN	EN	EN

注：EN、LN 和 N 分别代表受厄尔尼诺事件和拉尼娜事件影响的月份和正常月份。

考虑到研究资料的同步性，本章分别选取 2006 年、2007 年和 2009 年的 10~12月作为研究时段，分析厄尔尼诺事件和拉尼娜事件对茎柔鱼渔场空间分布的影响。

4.2.2 厄尔尼诺事件和拉尼娜事件下 CPUE 与 SST 的空间分布

空间叠加分析认为，2006 年 10~12 月在厄尔尼诺事件影响下，其 10 月中心渔场(高 CPUE)分布在 82.08°~83.15°W、10.85°~11.97°S 海域，平均 SST 为 20.6℃；11 月分布在 81.30°~82.20°W、11.95°S~12.82°S，平均 SST 为 20.6℃；12 月分布在 81.15°~81.60°W、13.67°~13.92°S，平均 SST 为 21.9℃(图 4-2)。2009 年 10~12 月同样在厄尔尼诺事件影响下，10 月中心渔场分布在 82.45°~83.38°W、10.90°~11.36°S，平均 SST 为 19.2℃；11 月分布在 81.98°~83.21°W、11.13°~13.40°S，平均 SST 为 20.0℃；12 月分布在 80.01°~82.01°W、13.01°~15.31°S，平均 SST 为 21.0℃(图 4-2)。由此说明，在厄尔尼诺事件影响下，2006 年和 2009 年 10~12 月的中心渔场空间分布及其平均 SST 基本相同。

2007 年 10~12 月在拉尼娜事件影响下，10 月中心渔场分布在 82.60°~83.20°W、10.45°~10.68°S，平均 SST 为 17.7℃；11 月分布在 82.33°~82.43°W、11.42°~11.47°S，平均 SST 为 18.3℃；12 月分布在 81.40°~82.98°W、12.48°~13.48°S，平均 SST 为 19.8℃(图 4-3)。其中心渔场的平均 SST 比受厄尔尼诺事件影响的 2006 年和 2009 年低 1~2℃，且偏北 1~2 个纬度。

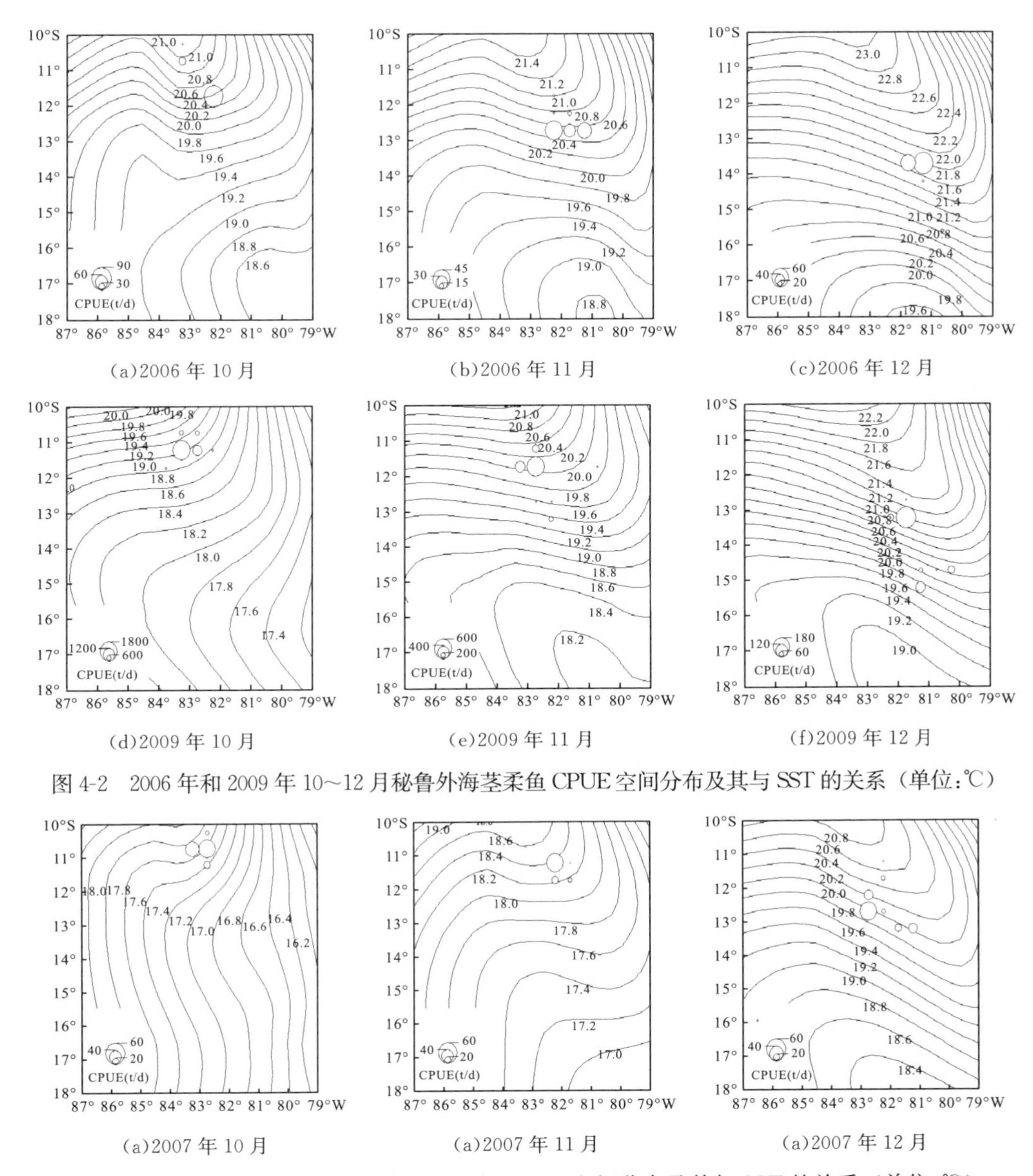

(a)2006 年 10 月　(b)2006 年 11 月　(c)2006 年 12 月

(d)2009 年 10 月　(e)2009 年 11 月　(f)2009 年 12 月

图 4-2　2006 年和 2009 年 10～12 月秘鲁外海茎柔鱼 CPUE 空间分布及其与 SST 的关系（单位:℃）

(a)2007 年 10 月　(a)2007 年 11 月　(a)2007 年 12 月

图 4-3　2007 年 10～12 月秘鲁外海茎柔鱼 CPUE 空间分布及其与 SST 的关系（单位:℃）

4.2.3　厄尔尼诺事件和拉尼娜事件下中心渔场与各水层温度空间分布的关系

统计发现，2006 年、2007 年和 2009 年 10～12 月中心渔场基本分布在 80°～85°W、10°～15°S 的海域。本节对 2006 年、2007 年和 2009 年 10～12 月进行厄尔

尼诺事件和拉尼娜事件下中心渔场分布与各水层水温(T_{15}，T_{50}，T_{100}，T_{200})之间关系的分析。

分析认为，2006 年 10 月中心渔场主要位于 81.13°～83.33°W、10.03°～11.97°S 海域[图 4-4(a)]，相应的 T_{15}、T_{50}、T_{100} 和 T_{200} 分别为 19.4～21.5℃、16.2～18.4℃、14.0～14.8℃和 12.3～13.5℃(图 4-4)。2006 年 11 月中心渔场主要位于 81.30°～82.57°W、11.93°～12.83°S 海域[图 4-5(a)]，相应的 T_{15}、T_{50}、T_{100} 和 T_{200} 分别为 19.8～21.5℃、17.8～18.8℃、14.3～15.5℃和 12.2～12.4℃(图 4-5)。2006 年 12 月中心渔场主要位于 80.75°～81.85°W、13.62°～14.0°S 海域[图 4-6(a)]，相应的 T_{15}、T_{50}、T_{100}、T_{200} 分别为 21.4～22.2℃、18.3～18.5℃、14.5～15.1℃和 12.2～12.4℃(图 4-6)。

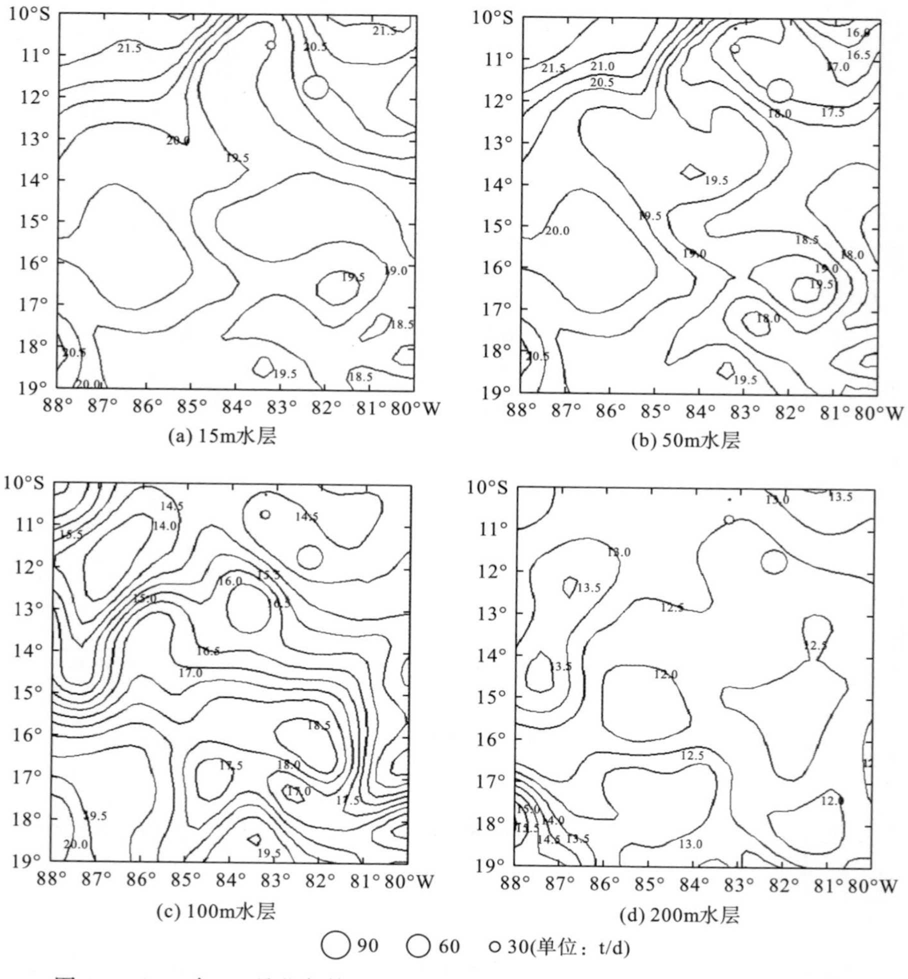

图 4-4　2006 年 10 月秘鲁外海茎柔鱼 CPUE 与各水层温度分布图(单位:℃)

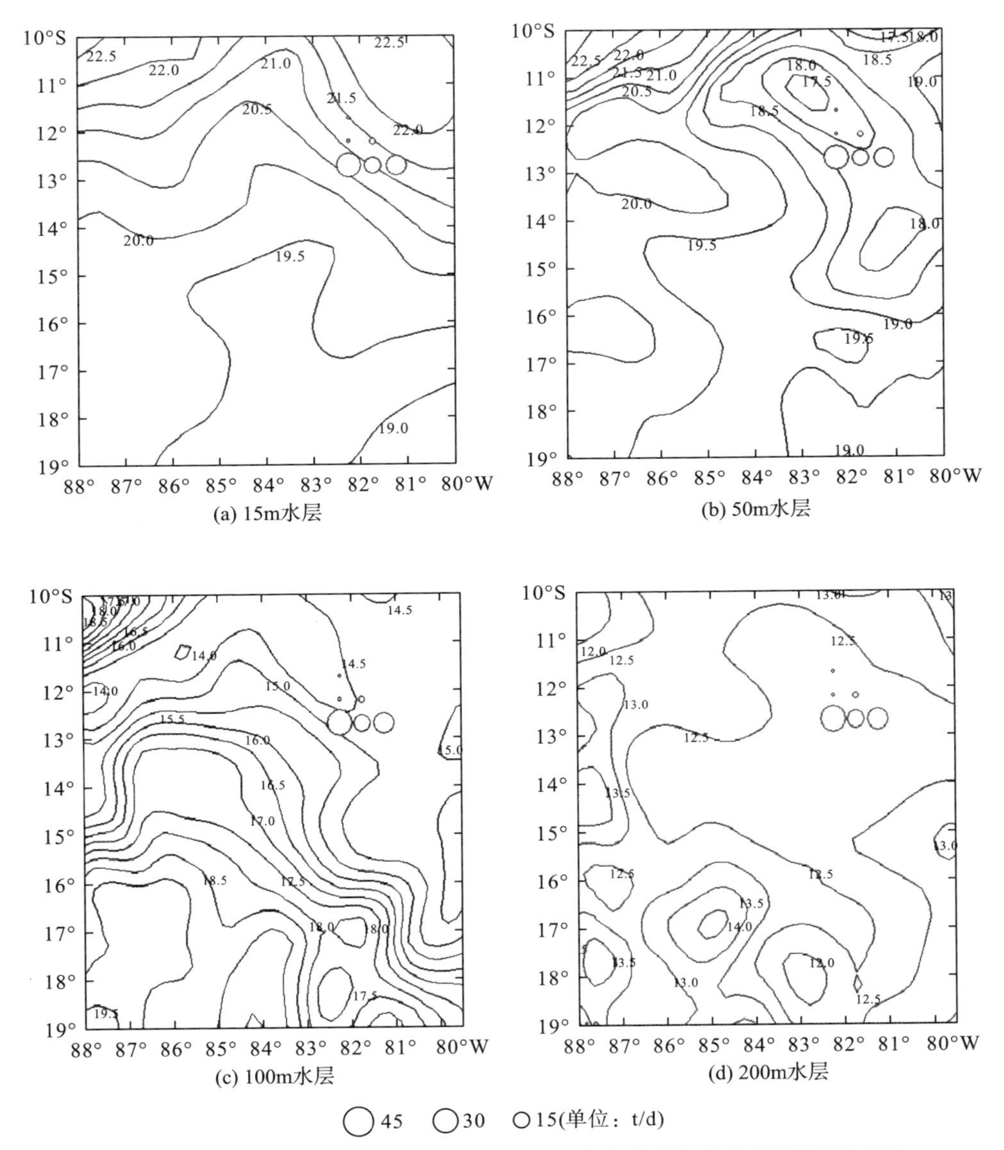

图 4-5　2006 年 11 月秘鲁外海茎柔鱼 CPUE 与各水层温度分布图(单位:℃)

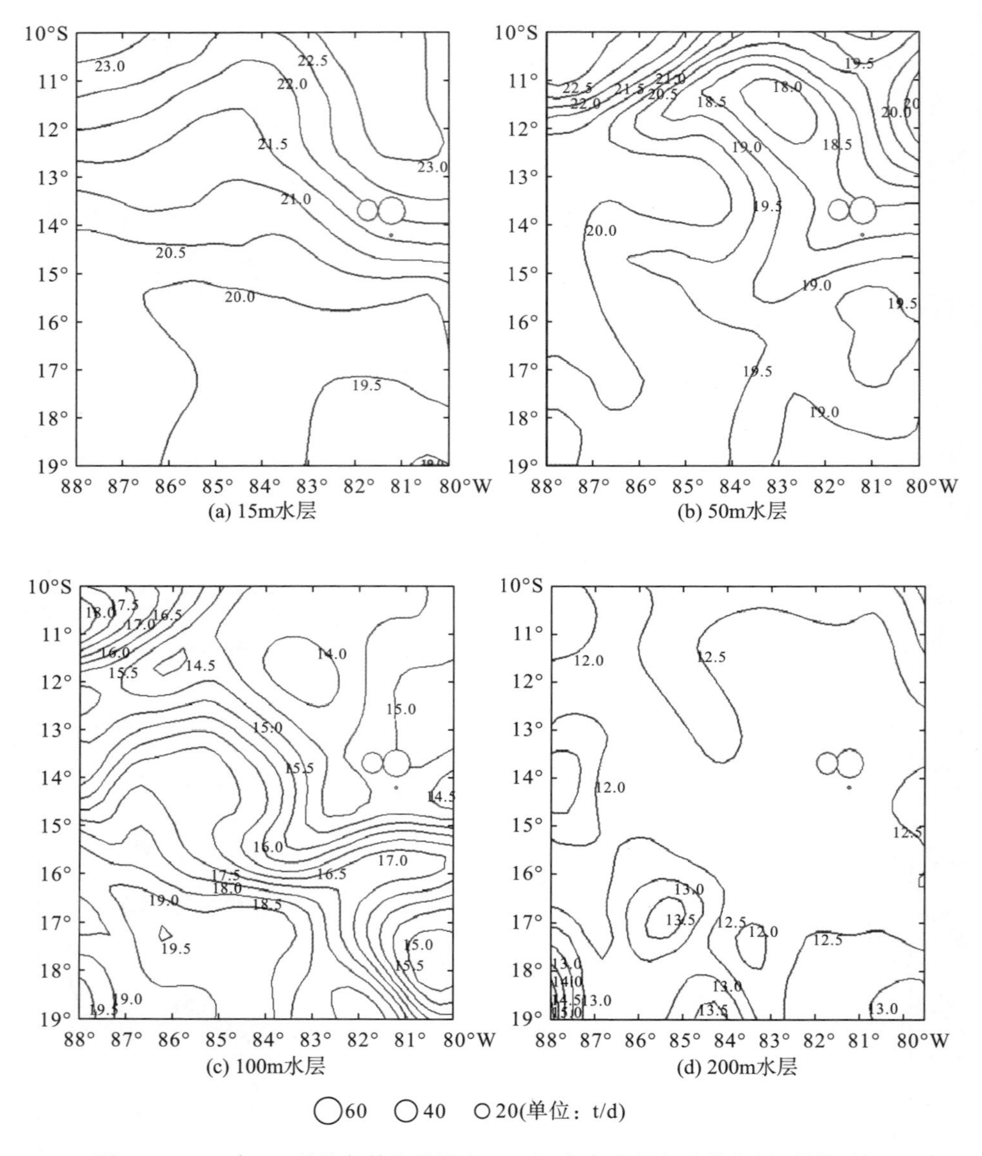

图 4-6 2006 年 12 月秘鲁外海茎柔鱼 CPUE 与各水层温度分布图(单位:℃)

2009 年 10 月中心渔场主要位于 82.50°～83.50°W、10.50°～11.50°S 海域[图 4-7(a)]，相应的 T_{15}、T_{50}、T_{100}、T_{200} 分别为 18.9～19.2℃、17.8～18.4℃、14.3～14.7℃和 12.2～12.3℃(图 4-7)。2009 年 11 月中心渔场主要位于 80.75°～83.25°W、11°～12.25°S 海域[图 4-8(a)]，相应的 T_{15}、T_{50}、T_{100} 和 T_{200} 分别为 19.2～20.0℃、17.6～18.3℃、14.1～15.0℃和 12.2～12.4℃(图 4-8)。2009 年 12 月中心渔场主要位于 80.25°～82.25°W、12.75°～15.25°S

海域[图 4-9(a)]，相应的 T_{15}、T_{50}、T_{100} 和 T_{200} 分别为 20.2～21.5℃、18.1～18.8℃、14.5～16.9℃和 12.2～12.4℃(图 4-9)。

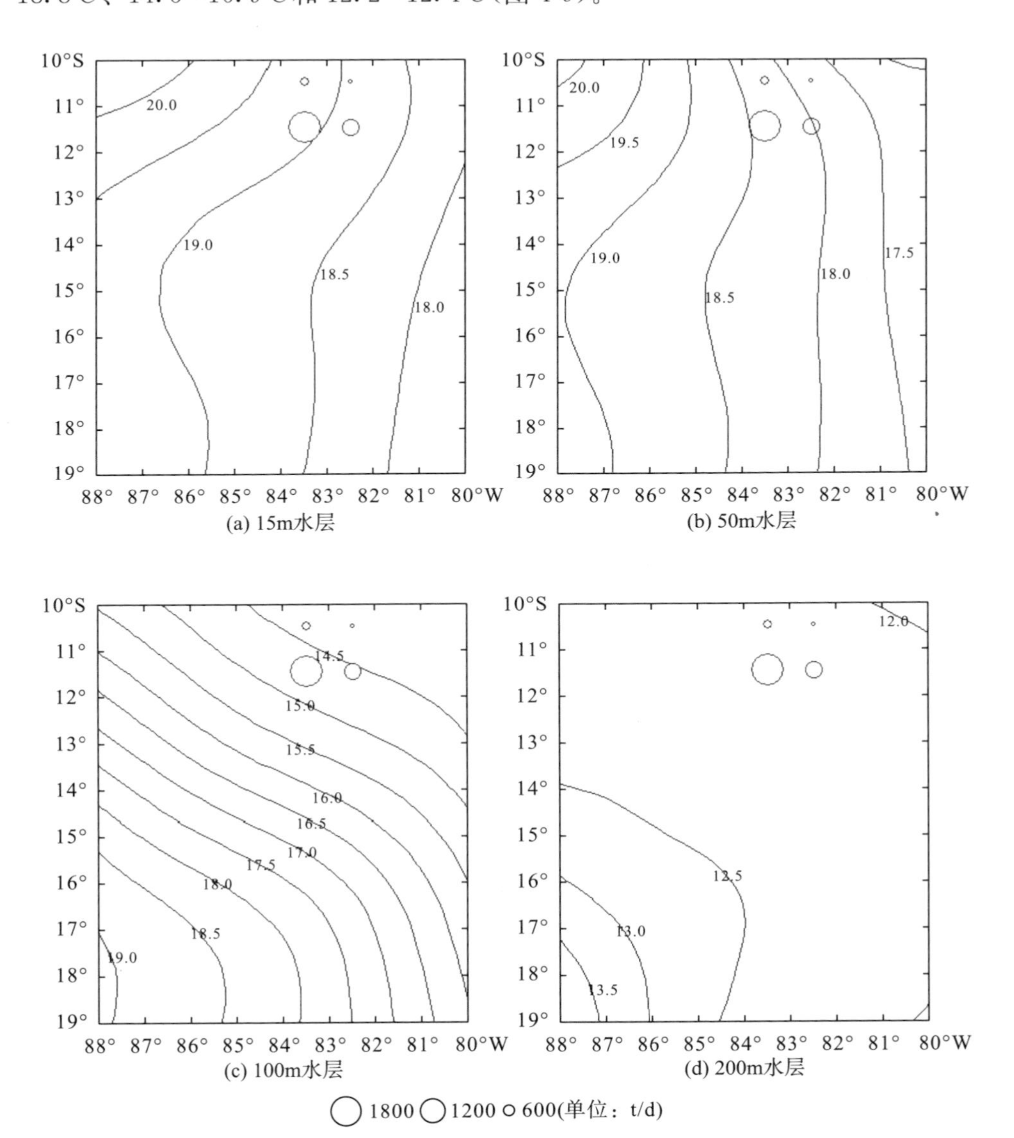

图 4-7　2009 年 10 月秘鲁外海茎柔鱼 CPUE 与各水层温度分布图(单位:℃)

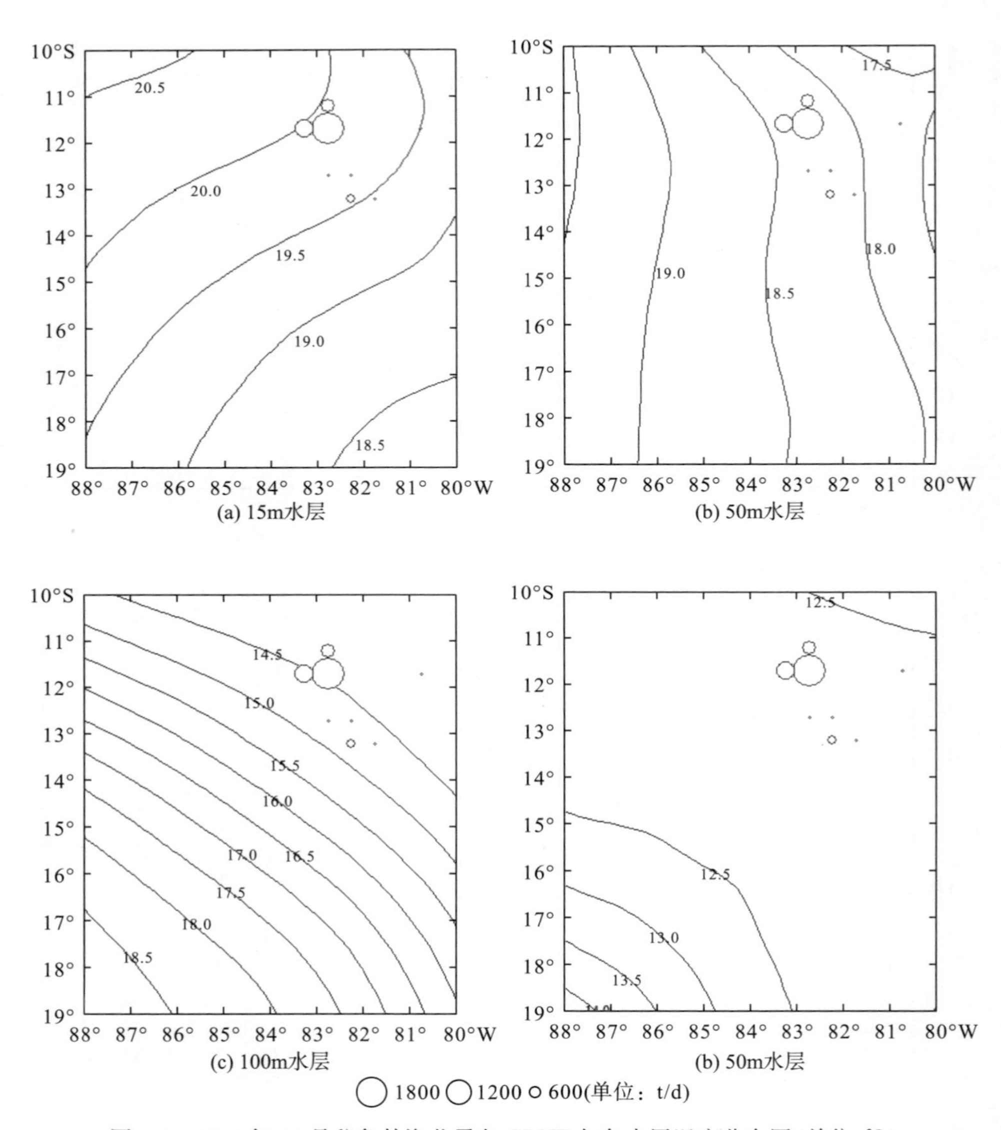

图 4-8 2009 年 11 月秘鲁外海茎柔鱼 CPUE 与各水层温度分布图(单位:℃)

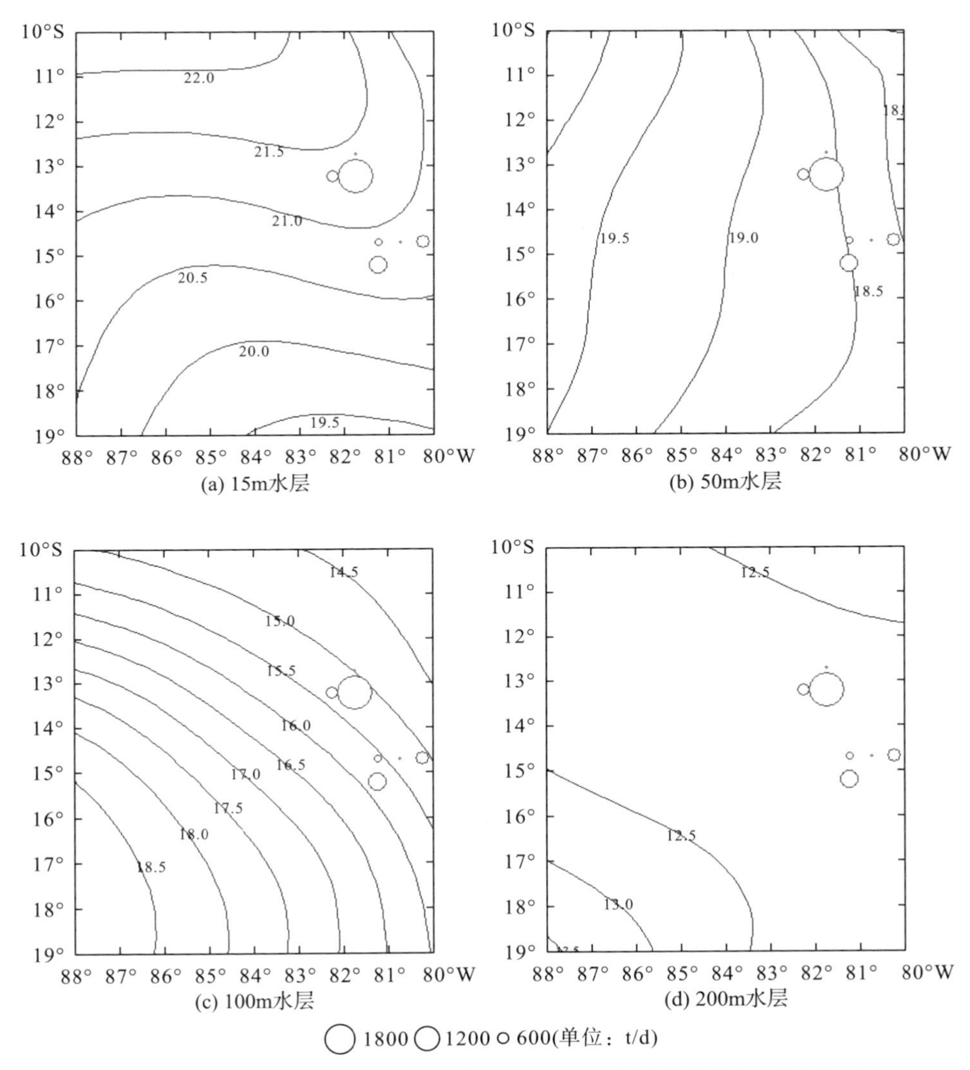

图 4-9　2009 年 12 月秘鲁外海茎柔鱼 CPUE 与各水层温度分布图(单位:℃)

2007 年 10 月中心渔场主要位于 82.60°～83.30°W、10.23°～11.20°S 海域[图 4-10(a)]，相应的 T_{15}、T_{50}、T_{100}、T_{200} 分别为 25.5～26.2℃、25.3～26.1℃、12.5～13.1℃和 11.0～11.2℃(图 4-10)。2007 年 11 月中心渔场主要位于 81.60°～83.23°W、10.50°～11.67°S 海域[图 4-11(a)]，相应的 T_{15}、T_{50}、T_{100}和 T_{200}分别为 25.5～26.1℃、25.1～26.1℃、12.4～13.8℃和 11.0～11.6℃(图 4-11)。2007 年 12 月中心渔场主要位于 81°～83°W、11.45°～13.50°S 海域[图 4-12(a)]，相应的 T_{15}、T_{50}、T_{100} 和 T_{200} 分别为 25.5～25.9℃、24.5～25.7℃、12.4～14.7℃和 11.1～11.6℃(图 4-12)。

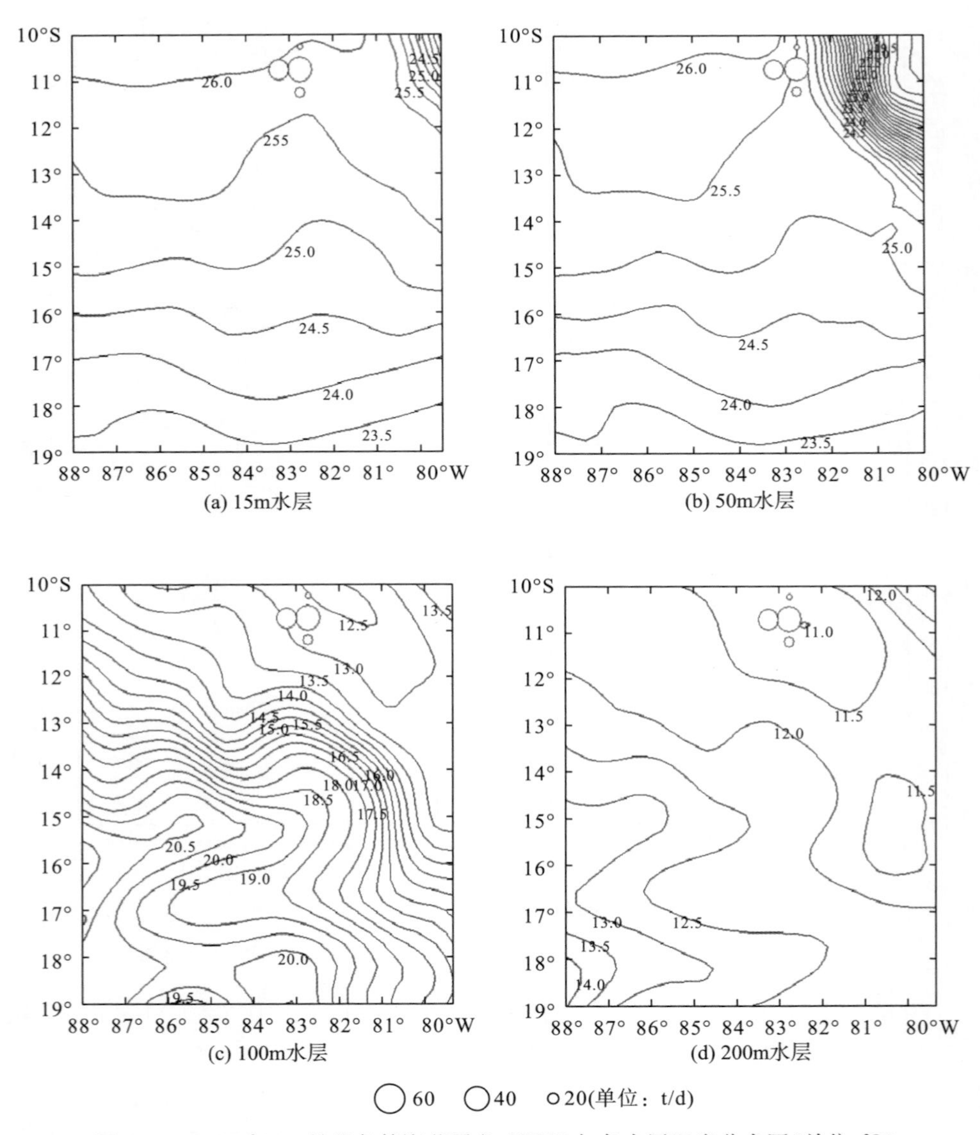

图 4-10　2007 年 10 月秘鲁外海茎柔鱼 CPUE 与各水层温度分布图(单位:℃)

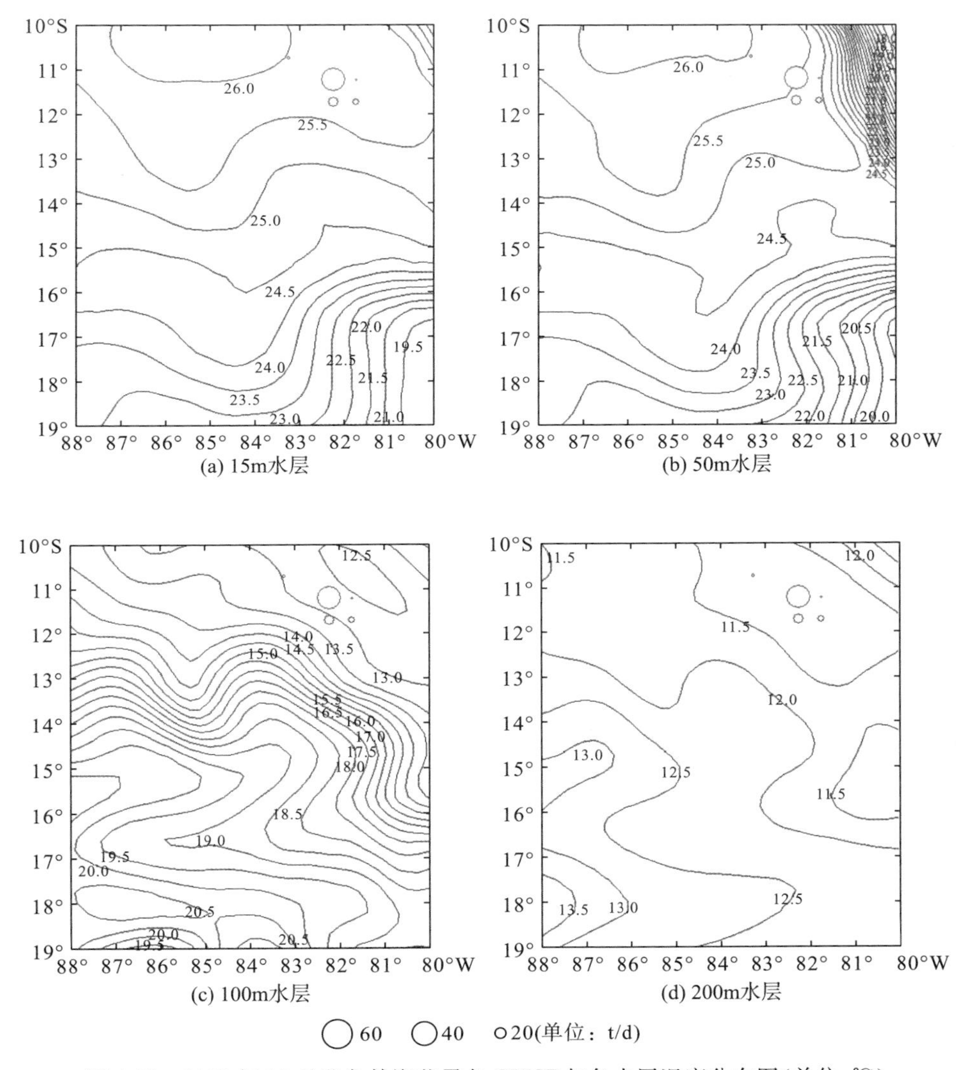

图 4-11　2007 年 11 月秘鲁外海茎柔鱼 CPUE 与各水层温度分布图(单位:℃)

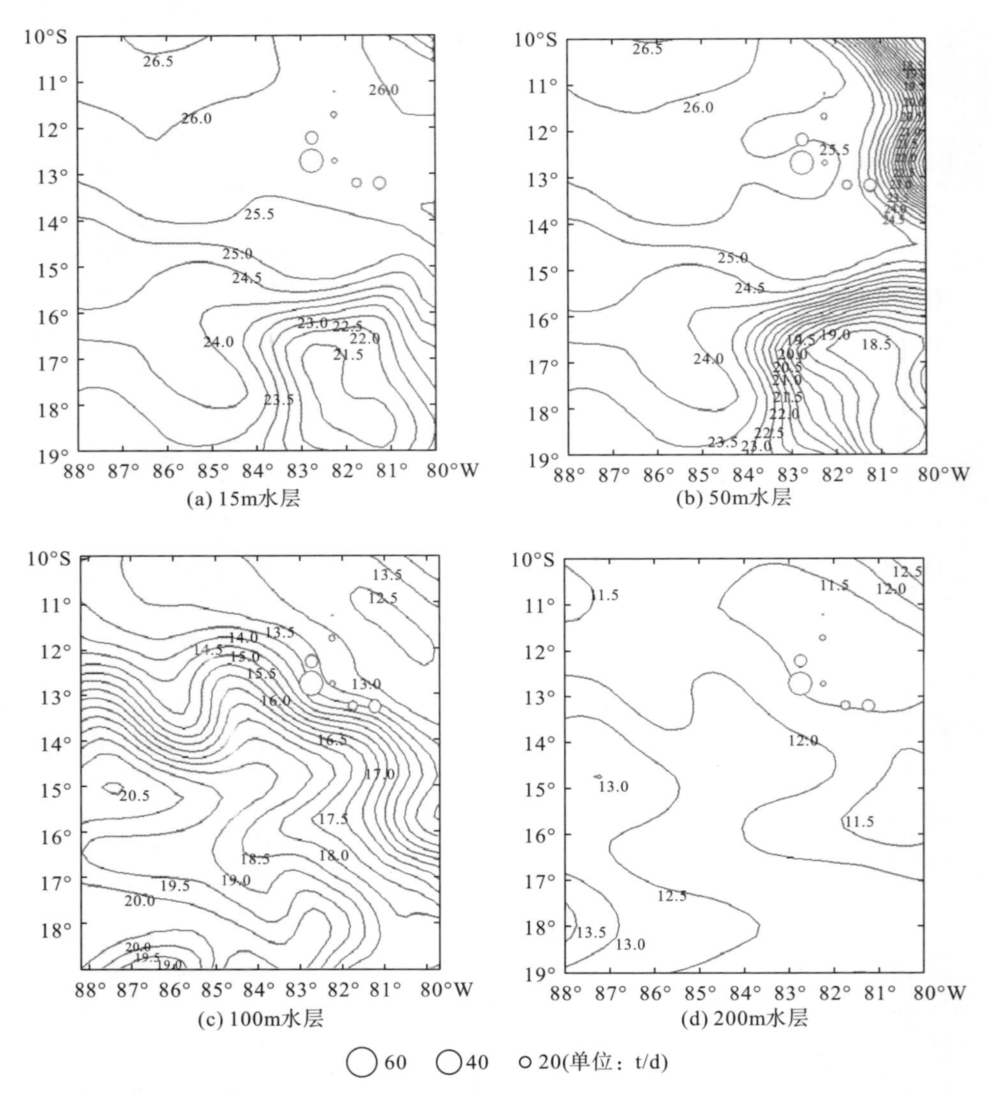

图 4-12 2007 年 12 月秘鲁外海茎柔鱼 CPUE 与各水层温度分布图(单位:℃)

4.2.4 厄尔尼诺事件和拉尼娜事件下中心渔场与水温垂直结构的关系

本节以 2006 年 12 月和 2007 年 12 月为例进行水温垂直结构的分析与比较。2006 年 12 月中心渔场分布在 80.75°～81.85°W、13.62°～14.05°S 海域，高产区在 81.15°～81.60°W、13.67°～13.92°S 海域；2007 年 12 月中心渔场分布在 81°～83°W、11.45°～13.50°S 海域，高产区在 81.40°～82.98°W、12.48°～13.48°S 海

域。因此选取 2006 年 12 月 13.75°S 和 14.25°S 两个断面，2007 年 12 月 12.75°S 和 13.25°S 两个断面，分别做水温垂直结构剖面图，比较高产海域水温结构的差异。同时，以 13℃等温线作为上升流强度的指标，20℃等温线作为暖水团势力的指标。

从图 4-13(a)、图 4-13(b)可以发现，2006 年 12 月中心渔场附近海域 13℃等

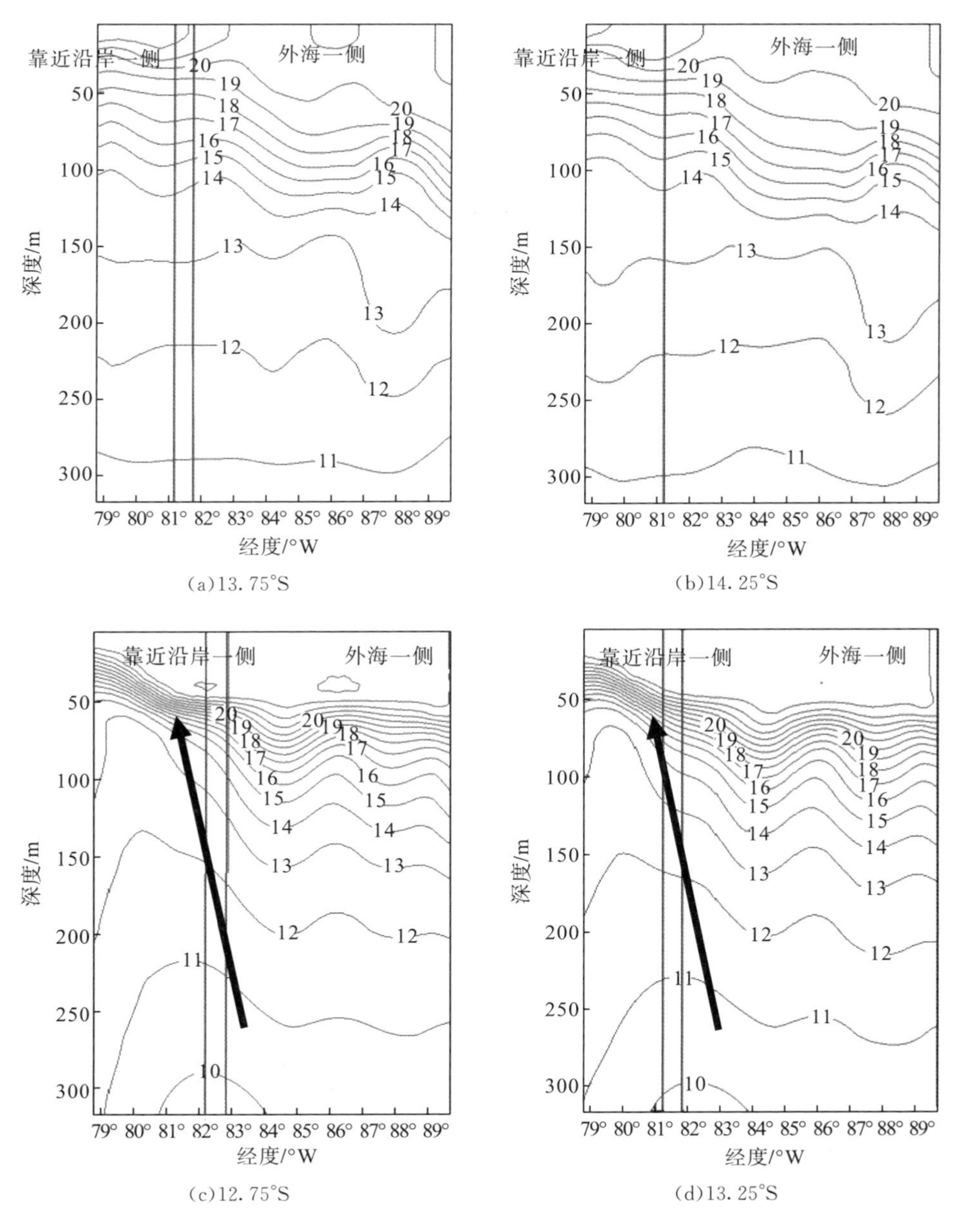

图 4-13　2006 年和 2007 年 12 月茎柔鱼作业渔场和水温垂直结构的关系(竖线表示作业位置)(单位:℃)

温线略向下弯曲，深度只达到 150m 水深左右，并未形成明显的上升流。中心渔场等温线密集区集中在 40～100m 水深。此时，暖水势力达到 30m 水层处。而 2007 年 12 月中心渔场附近海域的 13℃等温线向上弯曲明显，向上到达 60m 的水层，形成了较为强盛的上升流。同时，等温线密集区集中在 20～70m 水深，其等温线密集程度远高于 2006 年 12 月。作业海域 50m 以上均为 20℃以上的暖水团［图 4-13 (c)、(d)］。

4.3 讨论与分析

4.3.1 年间 SST 变化与 CPUE 分布的关系

茎柔鱼属于短生命周期种类，并与海洋环境变化关系密切，其资源量极易受到环境因子变化的影响。研究显示，2006 年 10～12 月受厄尔尼诺事件影响，秘鲁外海茎柔鱼渔场随着时间逐渐向东南方向移动，其中经度方向最大偏移为 2°W，纬度方向变化较大，最大偏移为 3.07°S；最大 CPUE 所处范围的平均 SST 逐渐升高，由 10 月的 20.5℃升至 12 月的 21.9℃。2009 年 10～12 月同样也受到厄尔尼诺事件影响，茎柔鱼渔场逐渐向东南方向偏移，其中经度方向最大偏移为 3.37°W，纬度方向变化较大，最大偏移为 4.41°S；最大 CPUE 所处范围的平均 SST 逐渐升高，由 10 月的 19.2℃升至 12 月的 20.6℃。

2007 年 10～12 月受拉尼娜事件影响，茎柔鱼渔场也随着时间向东南方向偏移，但相比 2006 年和 2009 年同期偏移相对较小，经度方向最大偏移为1.80°W，纬度方向最大偏移为 3.03°S；最大 CPUE 海域的平均 SST 也逐渐升高，由 10 月的 17.7℃升至 12 月的 20.0℃，相比 2006 年和 2009 年的 10～12 月差别较大，中心渔场的最低 SST 分别降低 2.87℃和 1.5℃，最高 SST 分别减小 1.91℃和 0.63℃，与 Mariategu 等(1998)的研究结果相似。可见，厄尔尼诺事件和拉尼娜事件不仅影响着茎柔鱼作业渔场的空间变化，同时也使作业渔场 SST 发生了较大变化。Niquen 等(2014)也研究指出，如厄尔尼诺事件和拉尼娜事件等大范围海洋环境变化会改变秘鲁外海茎柔鱼的生存环境，进而导致其生活习性和分布的变化。本书也进一步指出，在厄尔尼诺事件和拉尼娜事件这两种不同的海洋气候变化影响下，茎柔鱼渔场分布表现出两种不同的适应状况，即 10～12 月茎柔鱼对 SST 适应范围还是比较大的，从 2007 年 10 月份(拉尼娜事件)最低的 17℃到 2006 年 12 月份(厄尔尼诺事件)最高温的 22℃。

4.3.2 中心渔场与各水层水温及其垂直结构的关系

2006年10～12月的T_{15}和T_{50}分别由19.3～21.5℃、16.2～18.4℃升至21.4～22.2℃、18.3～18.4℃；同样，2009年10～12月的T_{15}和T_{50}分别由18.9～19.2℃、17.8～18.4℃升至20.2～21.5℃、18.1～18.8℃。2007年10～12月的T_{15}～T_{50}的变化趋势则相反，分别由25.5～26.2℃、25.3～26.1℃略降低至25.5～25.9℃、24.5～25.7℃。可见，由于厄尔尼诺和拉尼娜事件的影响，三个年份中T_{15}和T_{50}表现出较大差异，T_{15}和T_{50}的最大温度差值分别为8.27℃和9.84℃。而2006年10～12月的T_{100}和T_{200}与2007年10～12月相比则变化较小，最大温度差值分别为0.69℃和0.51℃。

2006年12月受厄尔尼诺事件的影响，赤道附近出现西风气流。原本堆积在西部的暖海水向东回流，吹拂着水温较高的赤道逆流海水向秘鲁寒流来的方向逆洋流南下，形成了厄尔尼诺暖流，造成中东太平洋深层冷水涌升大大减弱，上升流明显减弱。茎柔鱼渔场主要分布在外洋水与沿岸水交汇处，其高产位置所处的等温线平稳且较为稀疏，从13℃等温线开始水层厚度随水深增大而变大。2007年12月则与2006年相反，受拉尼娜事件影响，信风持续加强，赤道太平洋东侧表面暖水被刮走，深层的冷水上翻作为补充，海表温度进一步降低，导致涌升势力增强，形成强劲的上升流，将下层海水中的硝酸盐类和磷酸盐类等营养物质带到水面。茎柔鱼渔场主要分布在上升流等温线密集交汇处，其高产位置所处等温线发生倾斜，13℃以上等温线较为密集。Nevárez-Martínez等(2000)也研究指出，厄尔尼诺事件会造成茎柔鱼资源量的下降，而在发生拉尼娜事件的月份，当沿海上升流势力增强时，其资源量则会增加。

另外，Nesis(1983)还指出茎柔鱼分布与初级生产力和次级生产力关系密切，因此茎柔鱼捕食资源的变化会是影响其种群资源和分布的重要因素，而厄尔尼诺事件和拉尼娜事件会对初级生产力和次级生产力造成巨大影响(Moron，2000)。例如一些作为茎柔鱼捕食对象的海洋中层鱼类，因受到厄尔尼诺海洋气候变化影响，其资源分布也受到一定影响。海洋环境受拉尼娜事件影响时秘鲁外海形成强劲的上升流，导致海水营养盐丰富，更有利于茎柔鱼索饵，同时会造成茎柔鱼资源分布的转移。

除此之外，茎柔鱼作为短生命周期种类，其资源变化与补充群体间的关系也十分密切，所以茎柔鱼产卵场等生活史阶段可能会对其资源产生重要影响，但本书未进行这一方面的深入研究，今后的工作应当以茎柔鱼产卵场的补充群体为研究对象，分析厄尔尼诺事件和拉尼娜事件对其资源变化的影响。本章研究结果与

第 3 章存在一定差异，原因有以下几方面：

(1)第 3 章对作业渔场分布的研究是以全年为基础进行分析的，其中 2006 年和 2009 年 1～8 月渔场分布在纬度上差异较大，与研究结果一致，而 9～12 月渔场分布差异较小。综合分析，2006 年全年的渔场分布是与 2009 年存在较大差异的。

(2)2006 年和 2009 年 1～9 月各月的表温距平值相差较大，10～12 月表温距平值相差较小，可能是其渔场在 1～9 月分布差异较大，在 10～12 月分布差异较小的原因。而 2006 年和 2007 年 1～9 月各月的表温距平值相差较小，10～12 月表温距平值相差较大，可能是其渔场在 1～9 月分布差异较小，在 10～12 月分布差异较大的原因。

(3)本章以厄尔尼诺事件和拉尼娜事件为研究基础，只单独选取 2006 年、2007 年和 2009 年的 10～12 月作为研究对象，并未对全年的作业渔场分布进行分析，因此与第 3 章的研究结果并不矛盾，而是对第 3 章的结论进行了更深入的研究。

4.4 小　结

(1)研究认为，不同海洋气候影响下，茎柔鱼渔场分布存在较大差异，得出厄尔尼诺事件和拉尼娜事件对茎柔鱼资源具有不同的影响作用。

(2)结果表明，2006 年和 2009 年 10～12 月受厄尔尼诺事件影响，作业渔场分布在 79°～84°W、10°～17°S 海域，最适 SST 为 19～22℃；2007 年 10～12 月受拉尼娜影响，作业渔场分布在 81°～85°W、10°～14°S 海域，最适 SST 为 17～20℃，中心渔场作业范围相比厄尔尼诺年份向北偏移 1～2°，平均 SST 降低 2℃。

(3)各层水温分布表明，2007 年 10～12 月 T_{15} 和 T_{50} 水温均明显高于 2006 年 10～12 月，最大温度差值为 6～9℃；T_{100} 和 T_{200} 温度差别较小，最大温度差值为 1℃。

(4)水温垂直结构结果表明，2006 年 10～12 月作业渔场未形成明显的上升流，主要分布在外洋水与沿岸水交汇处；2007 年 10～12 月的沿岸一侧形成了势力强劲的上升流，作业渔场主要分布在上升流等温线密集交汇处。

(5)在厄尔尼诺事件影响下秘鲁外海上升流减弱，相反在拉尼娜事件影响下秘鲁外海上升流增强，都会对茎柔鱼资源产生重要的影响作用。研究认为，秘鲁外海中心渔场位置的变化与厄尔尼诺事件和拉尼娜事件具有密切关系。

第5章　利用栖息地适宜指数分析秘鲁外海茎柔鱼渔场

5.1　材料与方法

5.1.1　渔获数据

渔获数据来自上海海洋大学鱿钓课题组，时间为2003年1月～2007年12月。作业区域为6°～20°S和75°～87°W。

5.1.2　环境数据

环境数据包括SST、SSTA、SSS，以大地为基准面(指平均海平面通过大陆延伸勾画出的一个封闭连续的封闭曲面)的SSH、Chl-a和水温垂直结构。SST、SSTA、SSS、SSH和水温垂直结构数据来自哥伦比亚大学网站，SST、SSTA数据空间分辨率为1°×1°，SSS、SSH数据空间分辨率为1°×0.33°，水温垂直结构分辨率为1.5°×1°。Chl-a数据来源为OceanWatch LAS网站，空间分辨率为0.2°×0.1°。

5.1.3　方法

5.1.3.1　数据预处理

1. 渔获数据

将1°×1°内每天的渔获量累加成月渔获量，再计算1°×1°范围内单位捕捞努力渔获量(CPUE)，单位为t/d。

2. 环境数据

(1)SSS、SSH和Chl-a处理成空间分辨率为1°×1°的数据。

(2)据 SST 计算 SST 水平梯度(用 Grad 表示，单位:℃/°)，渔区(i，j)的 Grad 采用以下 3 种模式计算：

差值绝对值的最大值($Grad_{max(i,j)}$)：

$$Grad_{max(i,j)} = \max(|T_{i+m,j+n} - T_{i,j}|) \quad m, n = -1, 0, 1 \tag{5-1}$$

差值绝对值的平均值($D_{mean(i,j)}$)：

$$Grad_{mean(i,j)} = \frac{1}{8}\sum(|T_{i+m,j+n} - T_{i,j}|) \quad m,n = -1,0,1 \tag{5-2}$$

差值平方之和的平方根($D_{square(i,j)}$)：

$$Grad_{square(i,j)} = \sqrt{\sum(T_{i+m,j+n} - T_{i,j})^2} \quad m,n = -1,0,1 \tag{5-3}$$

式中，$T_{i,j}$表示 3°×3°区域内中心点渔区的水温；$T_{i+m,j+n}$分别表示周围 8 个栅格的水温。

鱼类资源分布与海洋环境因子关系密切，通常认为渔获量与其对应的环境因子呈现出正态性分布，可利用正态函数来拟合 Grad 与产量的关系，利用相关系数来比较 3 种 Grad 与产量的拟合情况，从而获得最适的 Grad。

(3)用 Sufer 8.0 绘制水温垂直剖面图，分析中心渔场的水温垂直结构。

3. CPUE 和时空及环境因子的关系

分析各月、经纬度、环境因子与产量、CPUE 的关系，绘制产量、CPUE 的时空分布图。

5.1.3.2 主成分分析法

1. 主成分分析法原理

主成分分析是利用数学上处理降维的思想，将实际问题中的多个指标设法重新组合成一组新的少数几个综合指标来代替原来指标的一种多元统计方法。通常把转化生成的综合指标称为主成分，其中每个主成分都是原始变量的线形组合，且各个主成分之间互不相关，还要尽可能多地反映原来指标的信息。这样在研究多指标统计分析中，就可以只考虑少数几个主成分同时也不会损失太多的信息，并从原始数据中进一步提取某些新的信息。因此在实际问题的研究中，这种方法既减少了变量的数目又抓住了主要矛盾。

假定有 n 个样本，每个样本共有 p 个指标(变量)描述，这样就构成了一个 $n \times p$ 阶的数据资料矩阵：

$$\boldsymbol{X} = (X_1, X_2, \cdots, X_p) = \begin{bmatrix} X_{11} & X_{12} & \cdots & X_{1p} \\ X_{21} & X_{22} & \cdots & X_{2p} \\ \vdots & \vdots & & \vdots \\ X_{n1} & X_{n2} & \cdots & X_{np} \end{bmatrix} \tag{5-4}$$

其中：

$$\boldsymbol{X}_1 = \begin{bmatrix} X_{11} \\ X_{12} \\ \vdots \\ X_{n1} \end{bmatrix}$$

作 $\boldsymbol{X}_1$，$\boldsymbol{X}_2$，…，$\boldsymbol{X}_p$ 的线性组合即综合指标，记新变量指标为 $\boldsymbol{Z}_1$，$\boldsymbol{Z}_2$，…，$\boldsymbol{Z}_p$，则

$$\begin{cases} \boldsymbol{Z}_1 = a_{11}\boldsymbol{X}_1 + a_{21}\boldsymbol{X}_2 + \cdots + a_{p1}\boldsymbol{X}_p \\ \boldsymbol{Z}_2 = a_{12}\boldsymbol{X}_1 + a_{22}\boldsymbol{X}_2 + \cdots + a_{p2}\boldsymbol{X}_p \\ \cdots\cdots \\ \boldsymbol{Z}_p = a_{1p}\boldsymbol{X}_1 + a_{2p}\boldsymbol{X}_p + \cdots + a_{pp}\boldsymbol{X}_p \end{cases} \tag{5-5}$$

在上述方程组中要求：

$$a_{11}^2 + a_{21}^2 + \cdots + a_{p1}^2 = 1, i = 1,2,\cdots,p$$

且系数 a_{ij} 由下列原则来决定：

(1) $\boldsymbol{Z}_i$ 与 $\boldsymbol{Z}_j$ ($i \neq j$，i，$j = 1$，…，p) 不相关；

(2) $\boldsymbol{Z}_1$ 是 $\boldsymbol{X}_1$，$\boldsymbol{X}_2$，…，$\boldsymbol{X}_p$ 的一切线性组合中方差最大者；$\boldsymbol{Z}_2$ 是与 $\boldsymbol{Z}_1$ 不相关的 $\boldsymbol{X}_1$，$\boldsymbol{X}_2$，…，$\boldsymbol{X}_p$ 的所有线性组合中方差最大者；……；$\boldsymbol{Z}_p$ 是与 $\boldsymbol{Z}_1$，$\boldsymbol{Z}_2$，…，$\boldsymbol{Z}_p$ 都不相关的 $\boldsymbol{X}_1$，$\boldsymbol{X}_2$，…，$\boldsymbol{X}_p$ 的所有线性组合中方差最大者。这样决定的新变量指标 $\boldsymbol{Z}_1$，$\boldsymbol{Z}_2$，…，$\boldsymbol{Z}_p$ 分别称为原变量指标 $\boldsymbol{X}_1$，$\boldsymbol{X}_2$，…，$\boldsymbol{X}_p$ 的第一，第二，…，第 p 主成分。

通过上述对主成分分析方法的基本思想及数学模型的介绍，可以把主成分分析方法的计算步骤归纳如下：

(1)将原始数据资料阵标准化。

(2)计算变量的相关系数矩阵：$\boldsymbol{R} = (r_{ij})_{p \times p}$，其中 r_{ij} (i，$j = 1$，2，…，p) 为原来变量 X_i 与 X_j 的相关系数。

(3)计算 $\boldsymbol{R}$ 的特征值及相应的特征向量。

首先解特征方程 $|\lambda_i - \boldsymbol{R}| = 0$，求出特征值 λ_i ($i = 1$，2，…，p)，并使其按大小顺序排列，即 $\lambda_1 \geqslant \lambda_2 \geqslant$，…，$\geqslant \lambda_p \geqslant 0$；然后分别求出对应于特征值 λ_i 的特征向量 $\boldsymbol{e}_i$ ($i = 1$，2，…，p)。

(4)写出主成分表达式：

$$\boldsymbol{Z}_i = a_{1i}\boldsymbol{X}_1 + a_{2i}\boldsymbol{X}_2 + \cdots + a_{pi}\boldsymbol{X}_p, \quad i = 1,2,\cdots,p$$

2. 使用方法

利用 SPSS 15.0 软件中的主成分分析模块实现，具体操作如下：

(1)输入环境变量数据。

(2)依次执行 Analyze→Data Reduction→Factor 命令。

(3)在弹出的对话框中选择 Extract，决定提取因子的个数(系统默认提取特征根大于 1 的主成分)，本章选择提取 3 个主成分。

(4)在输出结果中得到初始因子载荷矩阵，将初始因子载荷矩阵中的数据除以主成分相对应的特征根，然后求平方根便得到每个主成分中每个指标所对应的系数。

(5)将每个主成分中每个指标所对应的系数分别乘上相应主成分所对应的贡献率，将这些乘积取合，再除以所提取的主成分的贡献率之和，即

$$F=\frac{\sum(\text{系数}\times\text{贡献率})}{\sum\text{贡献率}}$$

得到综合得分模型，综合得分模型中每个指标所对应的系数即每个指标的权重。

(6)将综合模型中的系数进行归一化处理，得到每个环境指标的权重。

5.1.3.3 HSI 模型

根据渔场学形成的一般原理，温度是影响渔场分布最重要的因子；在 SST 水平梯度较大的海区一般是水团交汇处，鱼类容易集群；盐度的显著变化则是支配鱼类行为的一个重要因素；叶绿素 a 浓度高的海域通常成为鱼类重要的索饵场；而 SSTA 只表示了当地 SST 和常年平均值的差异，不是实际环境因子，故在 HSI 建模中不将 SSTA 列入。因此，本章选择 SST、Grad、SSS、SSH、Chl-a 5 个环境因子进行建模。秘鲁外海茎柔鱼呈现明显的季节性分布(Nigmatullin et al.，2001)，故用权重求和法和几何平均法对其分别进行季节 HSI 建模，建模的海区为 70°～95°W、0°～25°S。假设在 HSI 越高的海区产量越高。利用 ArcGIS 9.0 软件中的空间分析模块进行数据重分类和栅格计算，借助其地理统计模块绘制 HSI 曲线分布图。分析比较权重求和法和几何平均法以及月 HSI 和季节 HSI 模型的差异，其中季节 HSI 中的环境指标为每个季节中环境因子的平均值。

5.2 研究结果

5.2.1 产量、CPUE 的时空分布

5.2.1.1 产量、CPUE 的空间分布

1. 2003～2007 年分布状况

作业频率在东西方向上变化明显，在 80°～83°W 的作业频率累计占总作业次数的 73.5%；南北方向在 9°～13°S、14°～16°S 上作业频率较高，累计占总作业次数的 66.2%(图 5-1 和图 5-2)。

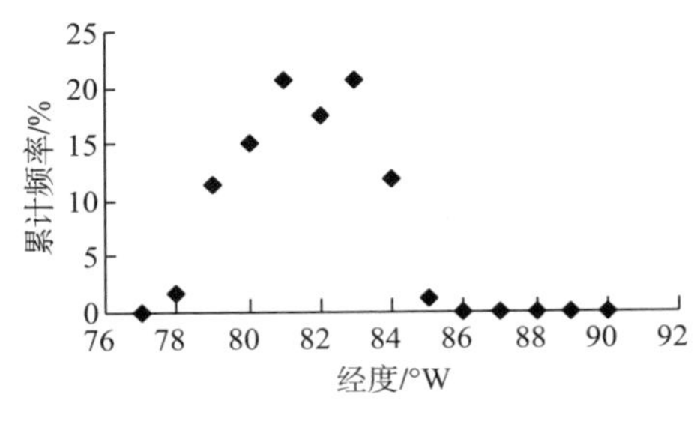

图 5-1　作业频率的经度分布

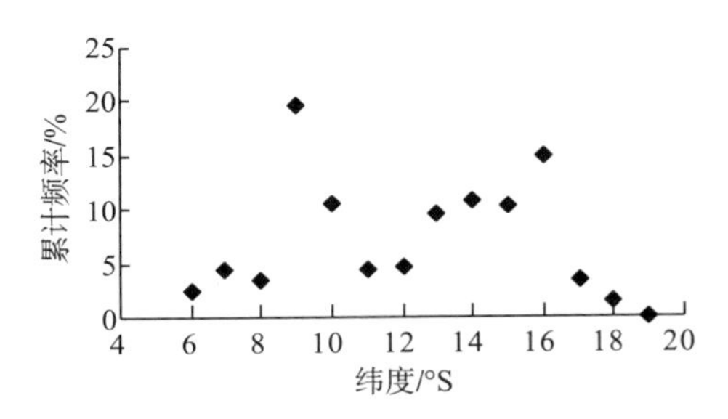

图 5-2　作业频率的纬度分布

产量主要集中在 80°～83°W、10°～12°S 以及 14°～16°S 的海区。东西向分布差异性十分显著，在 81°～83°W 海域内集中了全部产量的 73.30%，其中 81°～82°W 海域的产量最高为 72581t，占总产量的 27.4%。南北分布上，产量最高的为14°～15°S 海域，为 60256t，占总产量的 22.8%(图 5-3 和图 5-4)。

CPUE 在 81°～84°W 海区内较高，并向两侧递减，和产量分布情况基本吻合，最高 CPUE 位于 79°～80°W 海域为 6.25t/d；在南北向上则呈现由低纬度向高纬度递减趋势，最高 CPUE 位于 8°～9°S 海域，为 6.44t/d(图 5-3 和图 5-4)。

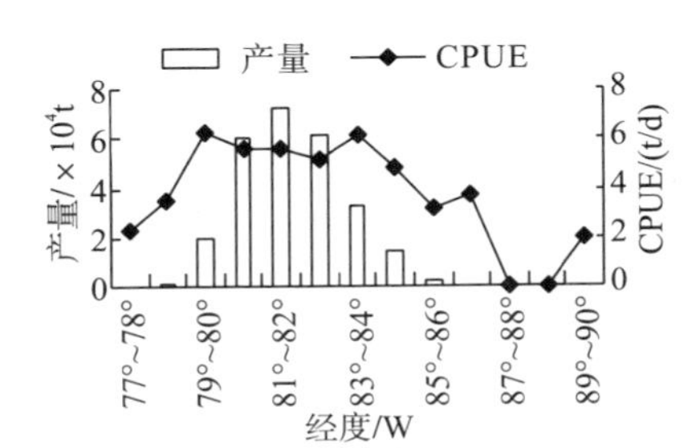

图 5-3　产量和 CPUE 的经度分布

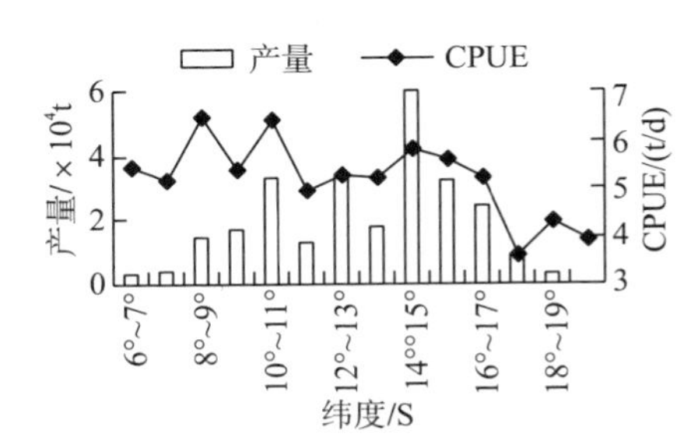

图 5-4　产量和 CPUE 的纬度分布

2. 每年分布状况

从表 5-1 和图 5-5 可看出，2003~2007 年作业渔场范围基本呈现逐年缩小的趋势，经度从 2003 年的 75°~86°W 缩小至 2007 年的 79°~85°W，纬度从 6°~19°S 缩小至 2007 年的 9°~18°S。高产海区基本稳定在 81°~83°W、10°~12°S 以及 14°~16°S 的区域。CPUE 的分布则不如产量明显。说明作业范围逐渐缩小，中心渔场更为集中。

表 5-1 2003~2007 年茎柔鱼作业渔场空间分布

年份	经度/°W		纬度/°S		平均 CPUE/(t/d)
	分布	高产海区	分布	高产海区	
2003	75~86	80~84	6~19	8~11，14~17	5.02
2004	78~86	80~83	6~20	14~16	7.64
2005	79~87	81~82	10~19	12~15	4.41
2006	80~85	81~83	10~17	12~13	5.33
2007	79~85	82~83	9~18	10~14，15~16	4.04
合计	75~86	81~83	6~20	10~13，14~16	5.29

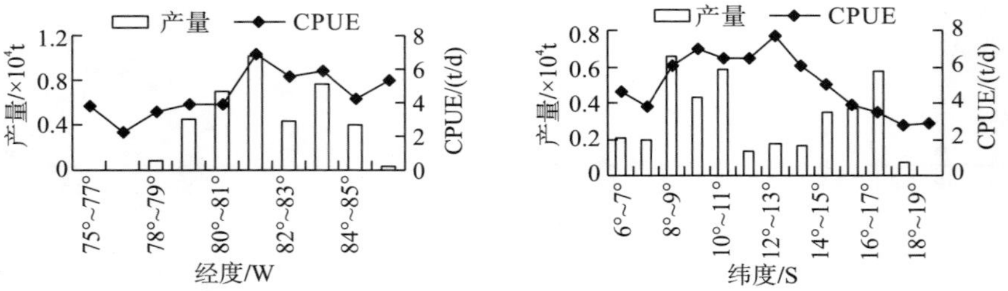

产量 CPUE
产量/×10⁴t
1.2 0.8 0.4 0
CPUE/(t/d)
8 6 4 2 0
75°~77° 78°~79° 80°~81° 82°~83° 84°~85°
经度/W

产量 CPUE
产量/×10⁴t
0.8 0.6 0.4 0.2 0
CPUE/(t/d)
8 6 4 2 0
6°~7° 8°~9° 10°~11° 12°~13° 14°~15° 16°~17° 18°~19°
纬度/S

(a)2003 年

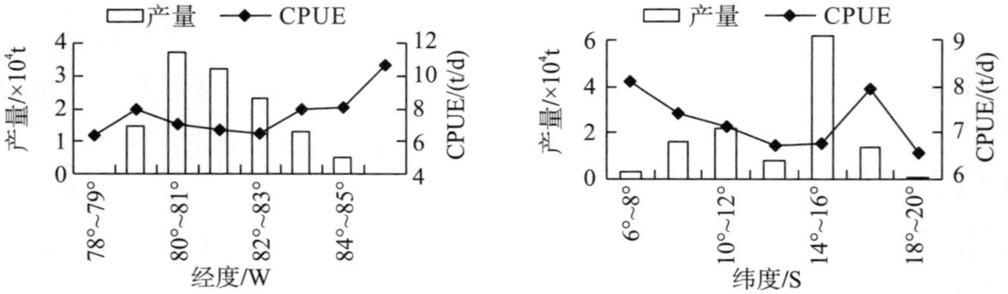

产量 CPUE
产量/×10⁴t
4 3 2 1 0
CPUE/(t/d)
12 10 8 6 4
78°~79° 80°~81° 82°~83° 84°~85°
经度/W

产量 CPUE
产量/×10⁴t
6 4 2 0
CPUE/(t/d)
9 8 7 6
6°~8° 10°~12° 14°~16° 18°~20°
纬度/S

(b) 2004 年

产量 CPUE
产量/×10⁴t
3 2 1 0
CPUE/(t/d)
10 8 6 4 2
79°~80° 81°~82° 83°~84° 85°~86°
经度/W

产量 CPUE
产量/×10⁴t
2 1.5 1 0.5 0
CPUE/(t/d)
9 6 3 0
8°~9° 10°~11° 12°~13° 14°~15° 16°~17° 18°~19°
纬度/S

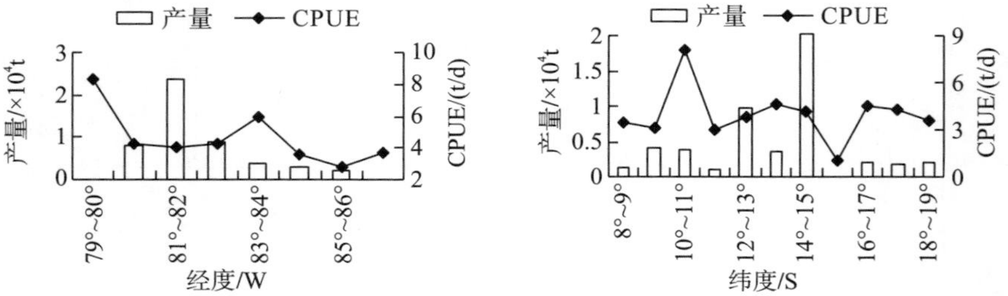

(c) 2005 年

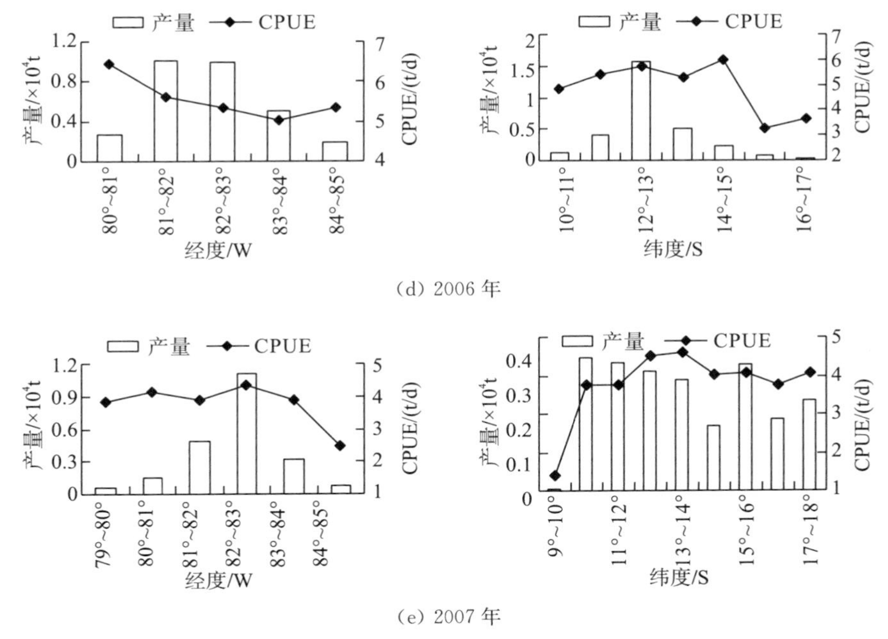

(d) 2006 年

(e) 2007 年

图 5-5 2003~2007 年各年产量和 CPUE 的空间分布

2003 年，在 80°~84°W、8°~11°S 以及 14°~17°S 海区产量较高，分别占总产量的 74.6%和 75.8%. 东西向分布集中，南北向分布较分散；CPUE 由东向西略有增加，在 81°~82°W 海区内 CPUE 最大达到，为 6.84t/d。南北方向则由低纬向高纬增加，在 12°~13°S 海区达到最大，为 7.72t/d，后又逐渐减小[图 5-5(a)]。

2004 年，在 80°~83°W、14°~16°S 海区产量较高，分别占总产量的 74.0%和 49.1%，并向两侧递减；CPUE 由东向西逐渐上升，85°~86°W 内 CPUE 最高，为 10.68t/d。南北向上则由低纬向高纬逐渐减小，最高为 8.06t/d[图 5-5(b)]。

2005 年，产量明显集中在 81°~82°W、12°~15°S 海区，分别占总产量的 47.8%和 67.2%，并向两侧递减；CPUE 由东向西逐渐下降，79°~80°W 海区 CPUE 最大为 8.33 t/d。在南北向上 CPUE 起伏变化大，最高 8.05t/d，最低为 1.07t/d[图 5-5(c)]。

2006 年，产量集中在 81°~83°W、12°~13°S 海区，分别占总产量的 67.8%和 53.3%，并向两侧递减；CPUE 则由东向西逐渐减小，在 80°~81°W 内最高，6.46t/d。南北方向上先上升在下降，14°~15°S 海区内最高，为 5.96t/d[图 5-5(d)]。

2007 年，东西向上产量集中在 82°~83°W，占总产量的 50.3%。南北向上分布特征不明显，在 10°~14°S、15°~16°S 海区产量较高，占总产量的 72.9%；CPUE

在 79°～84°W 海区内变化不大，在 84°～85°W 内则明显小于其他海区，最高 CPUE 在 82°～83°W 海区，为 4.32t/d。南北向上除 9°～10°S 海区外，其余海区的 CPUE 变化不大，最高 CPUE 出现在 13°～14°S 海区，为 4.62t/d[图 5-5(e)]。

5.2.1.2 产量、CPUE 的时间分布

1. 2003～2007 年分布状况

5 年累计产量约为 26×10^4 t，主要集中在 6～11 月，6～11 月累计产量占 5 年总产量的 63.8%。8 月份的累计产量最高，约为 3.4×10^4 t。平均 CPUE 最高的月份为 11 月，为 7.84t/d，最低为 4 月，为 3.68t/d(图 5-6)。

2003～2007 年产量和 CPUE 的分布呈现明显的季节性变化，即南半球的春(9 月、10 月、11 月)、冬(6 月、7 月、8 月)季产量和 CPUE 高，夏(12 月、1 月、2 月)、秋(3 月、4 月、5 月)季产量和 CPUE 则较低。冬春两季累计产量占 5 年总产量的 63.8%，夏秋季各占 18.4%和 17.8%。冬春季的 CPUE 分别为 5.91t/d 和 6.12t/d，夏秋季则为 5.44t/d 和 4.91t/d(图 5-7)。

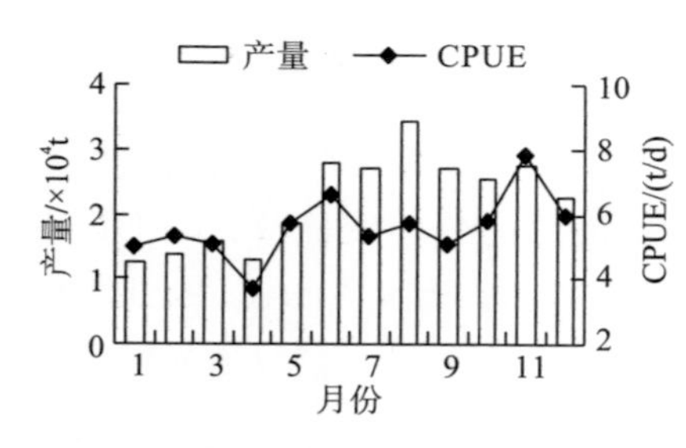

图 5-6 2003～2007 年产量和 CPUE 的累计月份分布

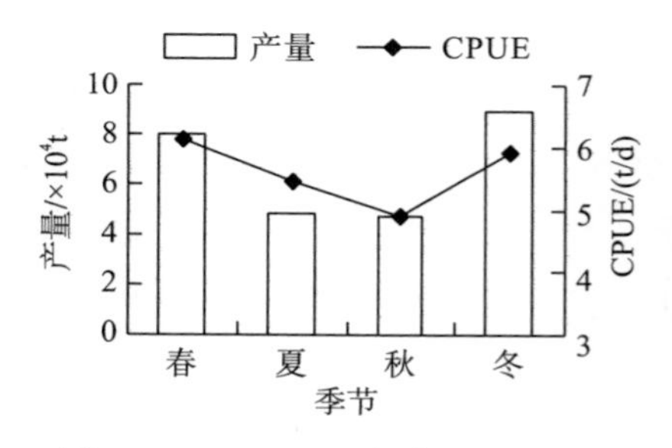

图 5-7 2003～2007 年产量和 CPUE 累计季节分布

2. 各年分布状况

2003 年、2004 年、2006 年产量集中在每年的 6～11 月，最高产量都出现在 8 月。2004 年由于西南大西洋阿根廷滑柔鱼产量欠佳，大量鱿钓船向秘鲁外海茎柔鱼渔场转移，使得 2004 年产量剧增，最高产量为 8 月，近 1.5×10^4 t；而 2005 年产量集中在 5～8 月份，最高产量 6 月，产量达 5570t；2007 年各月产量变化不明显，最高产量出现在 12 月，为 3282t(图 5-8)。

每年的 CPUE 变化特征并不明显：2003 年 CPUE 呈现每月递增的趋势，11 月 CPUE 最高，为 7.57t/d；2004 年 CPUE 在 1～4 月下降，5～7 月上升，6 月的 CPUE 为全年最高的 8.86t/d，之后又逐月减少；2005 年 1～9 月的 CPUE 较低，为 2～5t/d，之后 CPUE 猛增，在 10 月达到最高的 7.41t/d；2006 年 3 月

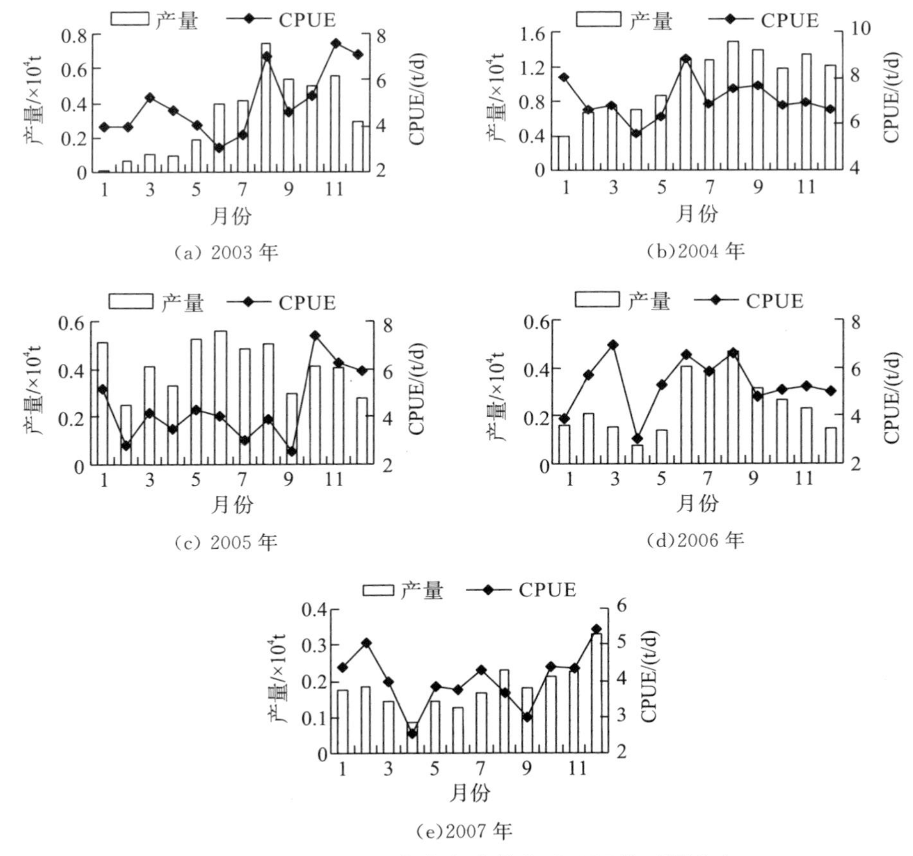

图 5-8　2003～2007 年各年产量和 CPUE 的时间分布

CPUE 最高为 6.57t/d，其次为 8 月，为 6.56t/d，其余月份的 CPUE 均在 6t/d 以下；2007 年 CPUE 变化幅度大，最低的为 4 月，为 2.52t/d，最高为 12 月，为 5.41t/d(图 5-8)。

5.2.2　SST 水平梯度拟合结果

利用 3 种方法分别计算 Grad，从中选择最优的计算方法，为后续 Grad 适应性曲线的建立以及 HSI 建模提供依据。

本节以 2006 年 1～12 月的 Grad 拟合结果为例，利用 DPS 统计软件对其分布进行正态函数拟合。3 种水平梯度计算方法中以 $Grad_{square}$ 拟合度最高($P<0.001$)，可接受假设。函数拟合情况见表 5-2 和图 5-9。下文中以 $Grad_{square}$(均以 Grad 表示)进行适应性曲线分析和 HSI 建模。

表 5-2 利用正态函数对 3 种 SST 水平梯度的拟合度结果

名称	相关系数 R	拟合度 R^2	F 值	显著性水平
$Grad_{max}$	0.9629	92.71%	32.06982	0.00156
$Grad_{square}$	0.9786	95.76%	56.47918	0.00037
$Grad_{mean}$	0.7333	53.77%	2.90738	0.14534

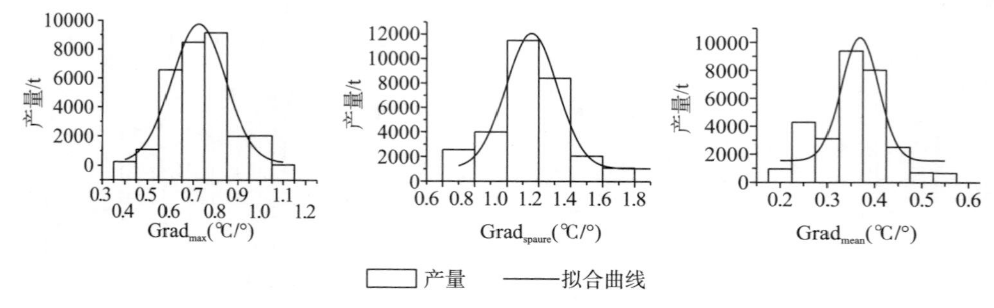

图 5-9 产量和温度相关指标的关系

5.2.3 水温垂直结构和渔场的关系

以 2006 年为例，产量最高为 6～8 月[图 5-8(d)]，高产区在 81°～83°W、12°～13°S 海区内[图 5-5(d)]，因此对其高产区的水温垂直结构做一分析。以 13℃等温线作为上升流强度的指标，20℃等温线作为暖水团势力的指标(图 5-10)。

2006 年 6 月，渔场位于 81°～83°W 海区，海区内有较为明显的上升流，13℃等温线弯曲明显，顶端最高达到约 80m 水深，上升流较为强盛。渔场等温线密集区在 12°～13°S，40m 水深处，倾斜度高。此时暖水势力达到 83°W 海域，20℃等温线达到 50m 水深处。

2006 年 7 月，上升流强度有所减弱，13℃等温线顶端在 120m 水深，弯曲度减小。暖水势力范围逐步扩大。渔场所在水域等温线密集区深度下降，位于 60m 左右，且向东移动。渔场也随着等温线密集区而东移。

2006 年 8 月，暖水团厚度加大，在 82°W 以西，80m 以上水域被广泛的暖水团占据。上升流强度和 7 月基本一致。渔场等温线密集区继续东移，位于 60m 水深。

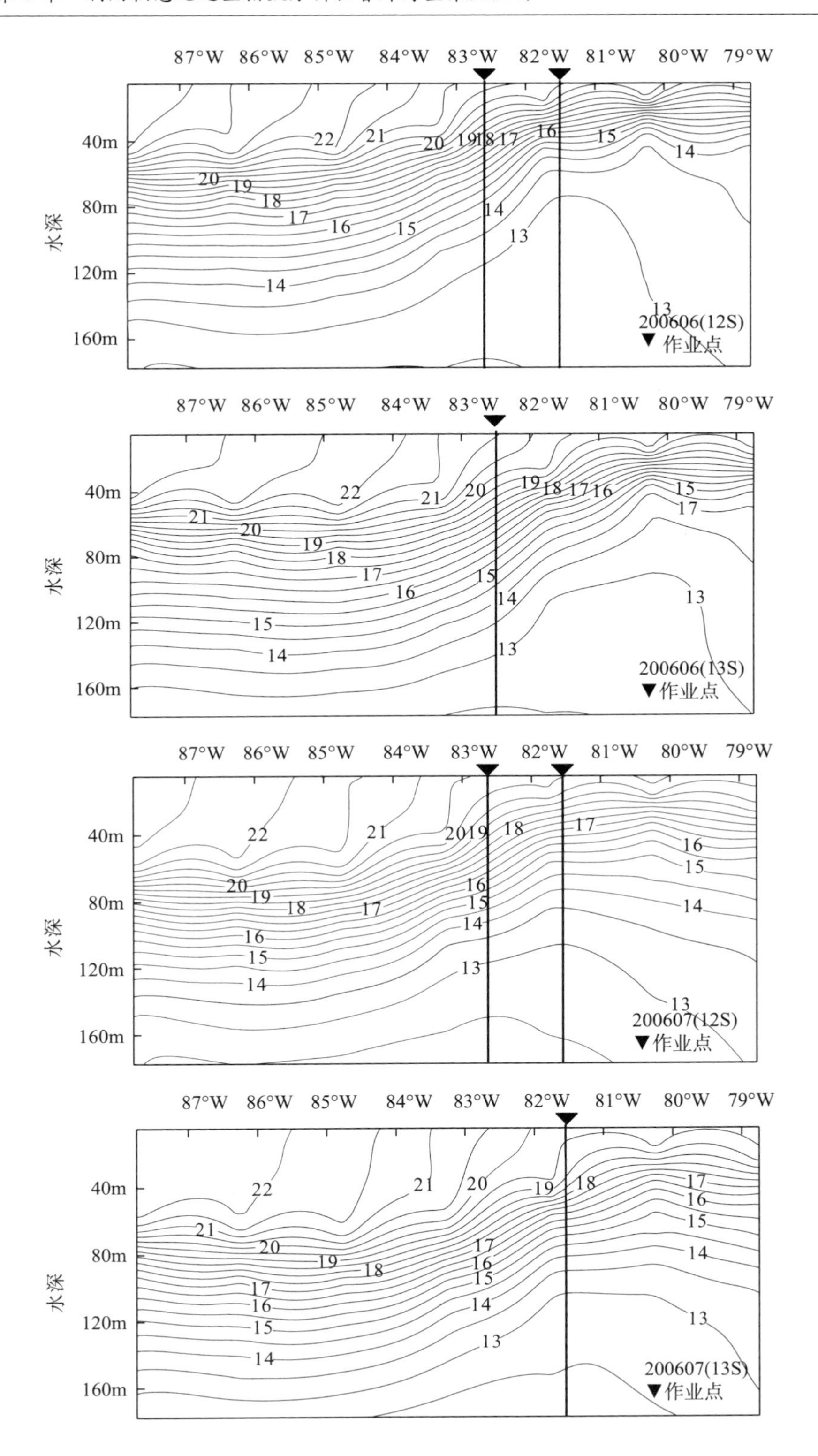
87°W 86°W 85°W 84°W 83°W 82°W 81°W 80°W 79°W
水深
40m
80m
120m
160m
200606(12S)
▼作业点
200606(13S)
▼作业点
200607(12S)
▼作业点
200607(13S)
▼作业点

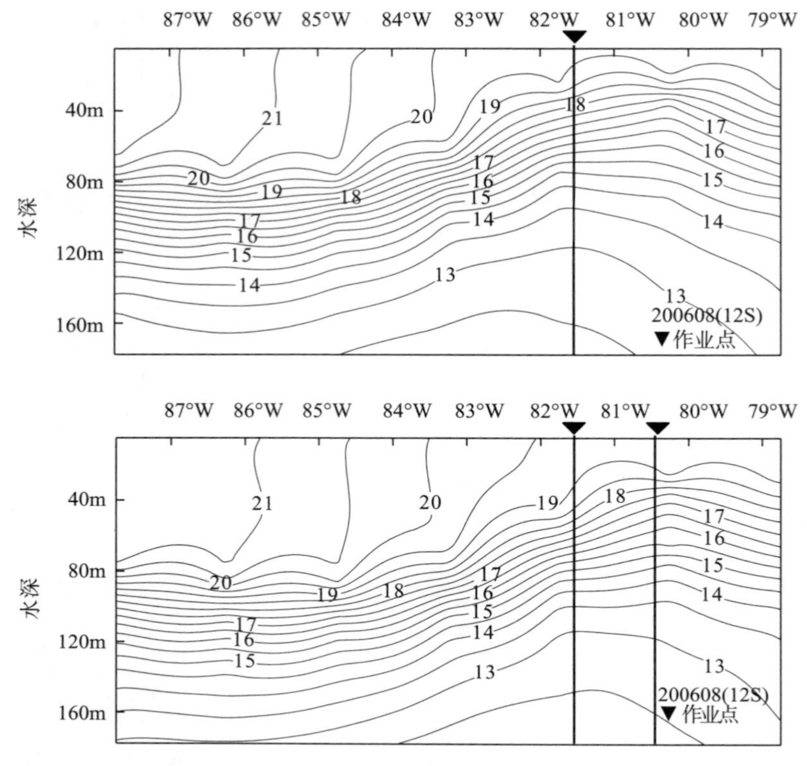

图 5-10 2006 年 6~8 月作业渔场和水温垂直结构的关系

5.2.4 各季节 SI 曲线

在此只列出春季的适应性曲线确定方法及步骤，其他季节的确定方法和春季相同，下文中不再赘述只将相关的图表列出。南半球的四季分布依次为：夏季(12 月~翌年 2 月)、秋季(3 月~5 月)、冬季(6 月~8 月)和春季(9 月~11 月)。各季节环境因子 SI 表达式见附录一。

5.2.4.1 春季各环境因子 SI 曲线(9 月~11 月)

SST 组距为 0.5℃，SSTA 组距为 0.5℃，Grad 组距为 0.2℃/°，SSS 组距为 0.05‰，SSH 组距为 1cm，Chl-a 组距为 0.1mg/m^3，各环境因子的产量分布及适应性曲线见表 5-3 和图 5-11。

表 5-3　春季(9 月～11 月)渔场环境因子分布范围

渔场环境因子	高产海区			
	最适环境因子	渔获频次	产量	占总产量比例
SST 16～22℃	SST 19～19.5℃	24.19%	24377t	30.38%
Grad 0.4～1.8℃/°	Grad 0.8～1.0℃/°	29.84%	29409t	36.65%
SSTA −2.3～1.3℃	SSTA 0～0.5℃	24.19%	28858t	35.96%
SSS 34.8‰～35.4‰	SSS 35.1‰～35.15‰	21.77%	30019t	37.41%
SSH −7～7cm	SSH 2～3cm	12.90%	15926t	19.85%
Chl-a 0.2～0.9mg/m^3	Chl-a 0.3～0.4mg/m^3	47.58%	31929t	39.79%

渔场 SST 为 16～22℃，最适 SST 为 19～19.5℃。最适 SST 海区的渔获频次占总渔获频次的 24.19%，累计产量占总产量的比例为 30.38%。在 SST 为 19～19.5℃的海区，渔获频次和产量最高，将该 SST 区间的适宜指数(SI)定为 1，即最适海区，将分布区间以外的 SI 定为 0，即不适合区域，具体 SST 适应性曲线见图 5-11(a)。

渔场 Grad 为 0.4～1.8℃/°，最适 Grad 为 0.8～1℃/°。最适 Grad 海区的渔获频次占总渔获频次的 29.84%，累计产量占总产量的比例为 56.65%。在 Grad 为 0.8～1.0℃/°的海区，渔获频次和产量最高，将该区间的 SI 定为 1，即最适海区，将分布区间以外的 SI 定为 0，即不适合区域，具体 Grad 适应性曲线见图 5-11(b)。

渔场 SSTA 为−2.3～1.3℃，SSTA 适宜为 0～0.5℃。最适 SSTA 海区的渔获频次占总渔获频次的 24.19%，产量占总产量比例为 35.96%。最适 SSTA 为 0～0.5℃的海区，渔获频次和产量最高，将该区间的 SI 定为 1，即最适海区，将分布区间以外的 SI 定为 0，即不适合区域，具体 SSTA 适应性曲线见图 5-11(c)。

渔场 SSS 为 34.8‰～35.4‰，最适 SST 为 35.1‰～35.15‰。最适 SSS 海区的渔获频次占总渔获频次的 21.77%，产量占总产量比例为 37.41%。在 SSS 为 35.1‰～35.2‰的海区，渔获频次和产量最高，将该 SSS 区间的 SI 定为 1，即最适海区，将分布区间以外的 SI 定为 0，即不适合区域，具体 SSS 适应性曲线见图 5-11(d)。

渔场 SSH 为−7～7cm，最适宜 SSH 为 2～3cm。适宜 SSH 海区的渔获频次占总渔获频次的 12.19%，产量占总产量比例为 19.85%。在 SSH 为 2～3cm 的海区，渔获频次和产量最高，将该 SSH 区间的 SI 定为 1，即最适海区，将分布区间以外的 SI 定为 0，即不适合区域，具体 SSH 适应性曲线见图 5-11(e)。

渔场 Chl-a 为 0.2～0.9mg/m^3，最适 Chl-a 为 0.3～0.4mg/m^3。最适 Chl-a 海区的渔获频次占总渔获频次的 47.58%，累计产量占总产量比例为 39.79%。在 Chl-a 为 0.3～0.4mg/m^3 的海区，渔获频次和产量最高，将该 Chl-a 区间的 SI 定为 1，即最适海区，将分布区间以外的 SI 定为 0，即不适合区域，具体 Chl-a 适应性曲线见图 5-11(f)。

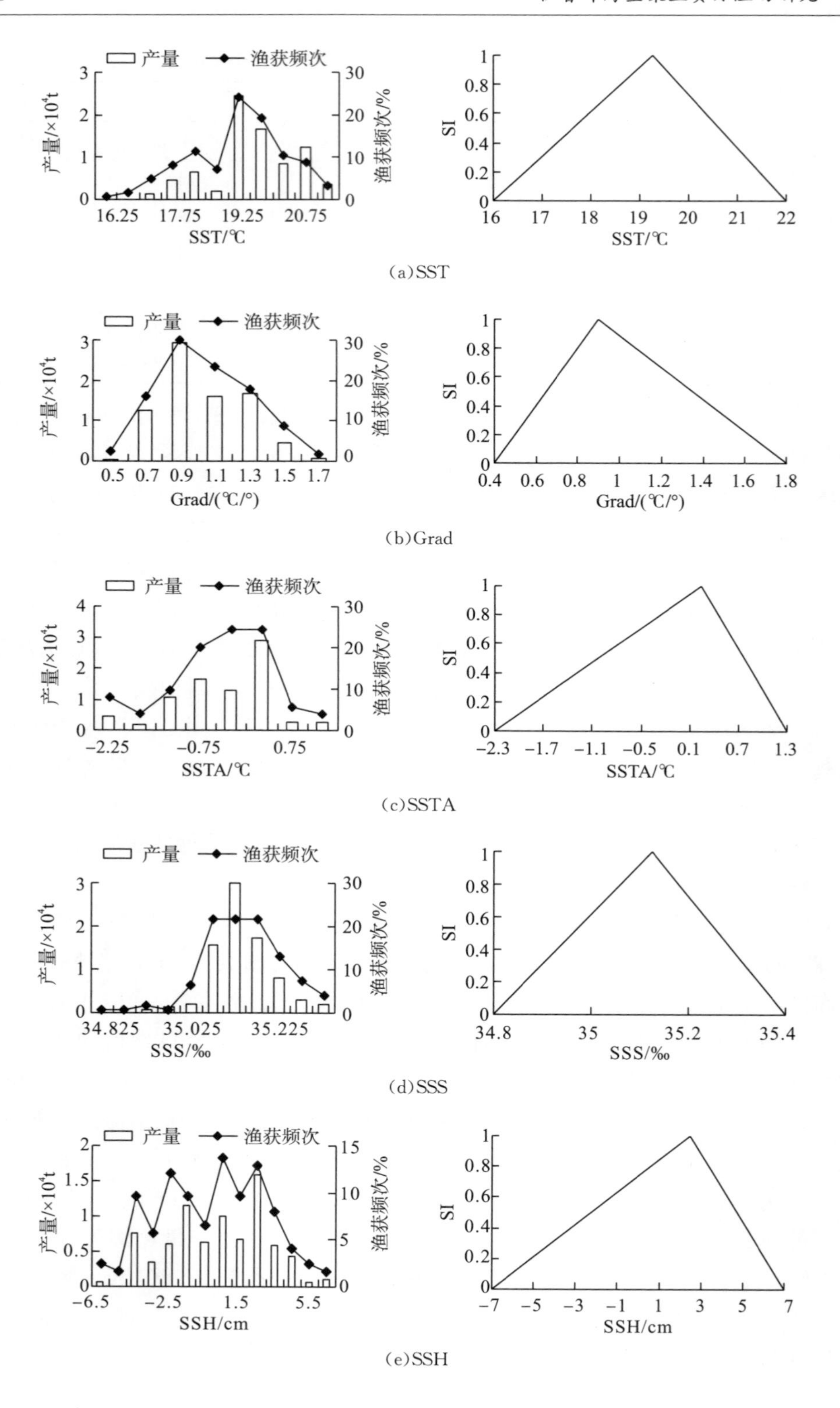

(a)SST

(b)Grad

(c)SSTA

(d)SSS

(e)SSH

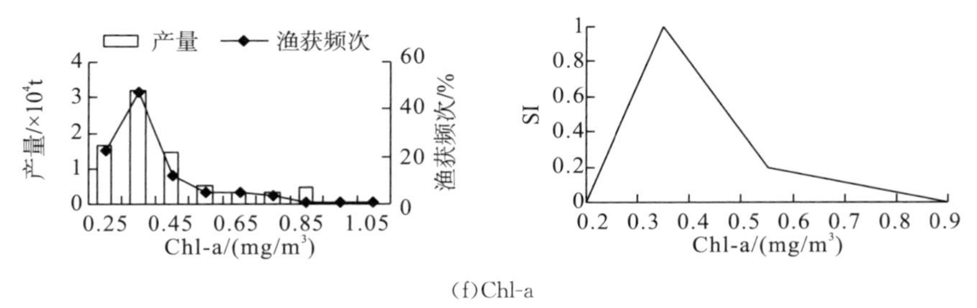

(f)Chl-a

图 5-11　春季 SST、SSTA、Grad、SSS、SSH、Chl-a 和产量、渔获频次的关系及适应性曲线

5.2.4.2　环境因子夏季适宜性曲线(12 月～翌年 2 月)

SST 组距为 1℃，SSTA 组距为 0.2℃，Grad 组距为 0.2℃/°，SSS 组距为 0.1‰，SSH 组距为 2cm，Chl-a 组距为 0.1mg/m³，各环境因子的产量分布及适应性曲线见表 5-4 和图 5-12。

表 5-4　夏季(12 月～翌年 2 月)渔场环境因子分布范围

渔场环境因子	高产海区			
	适宜环境	渔获频次	产量	占总产量比例
SST 19～26℃	SST 21～22℃	20.25%	11382t	23.31%
Grad 0.7～1.9℃/°	Grad 1.0～1.4℃/°	37.33%	19380t	39.69%
SSTA −1.2～0.6℃	SSTA 0～0.2℃	51.90%	33626t	68.87%
SSS 35.0‰～35.7‰	SSS 35.3‰～35.4‰	32.91%	17648t	36.14%
SSH −6～12cm	SSH 0～4cm	37.97%	19996t	40.95%
Chl-a 0.1～0.6mg/m³	Chl-a 0.25～0.3mg/m³	35.44%	19080t	39.08%

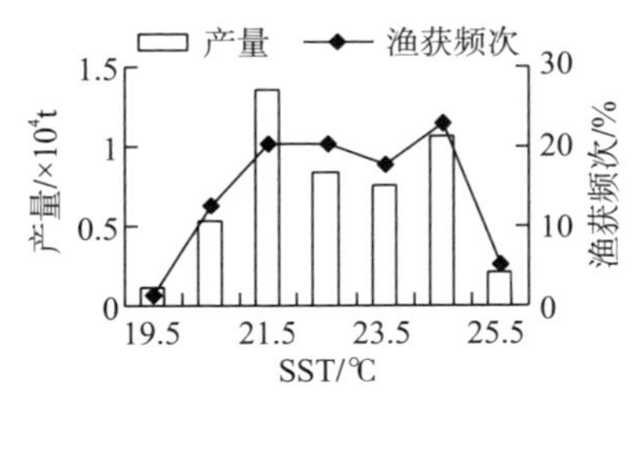

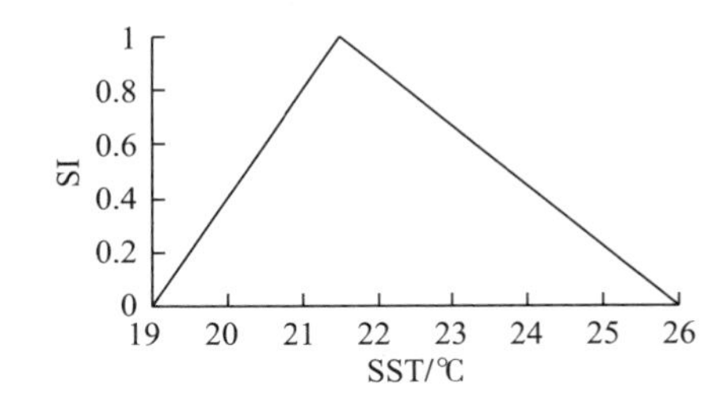

(a)SST

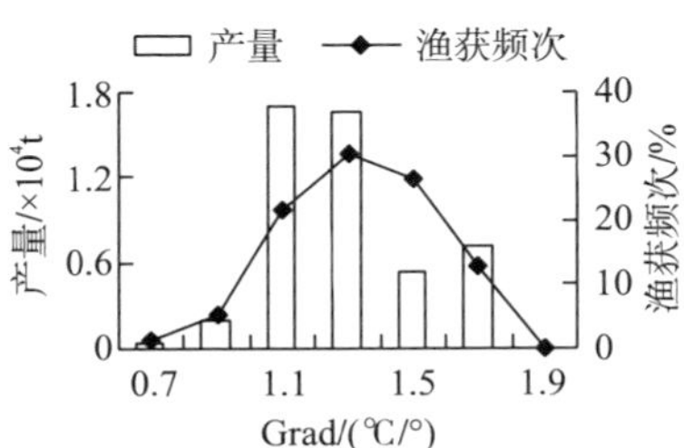

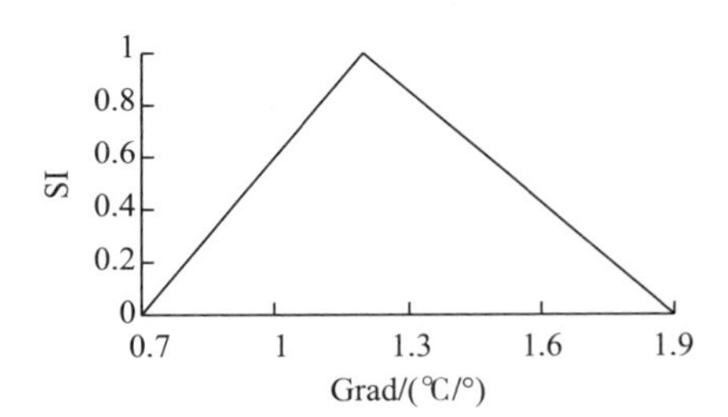

(b)Grad

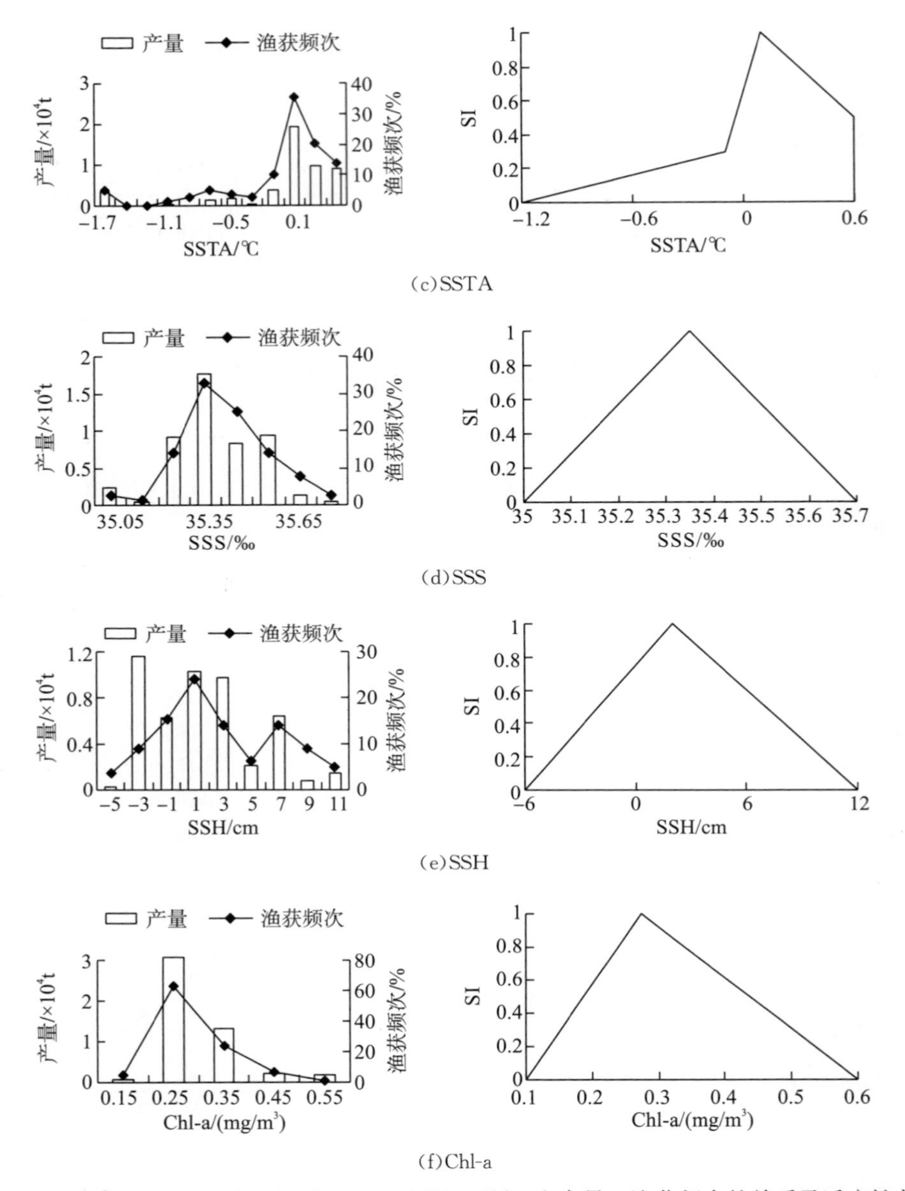

图 5-12 夏季 SST、SSTA、Grad、SSS、SSH、Chl-a 和产量、渔获频次的关系及适应性曲线

5.2.4.3 环境因子秋季适宜性曲线(3 月～5 月)

SST 组距为 0.5℃，SSTA 组距为 0.2℃，Grad 组距为 0.2℃/°，SSS 组距为 0.1‰，SSH 组距为 2cm，Chl-a 组距为 0.1mg/m³，各环境因子的产量分布及适应性曲线见表 5-5 和图 5-13。

表 5-5　秋季(3 月~5 月)渔场环境因子分布范围

渔场环境因子	高产海区			
	适宜环境	渔获频次	产量	占总产量比例
SST 20~28℃	SST 21~24.5℃	28.13%	13683t	28.91%
Grad 0.0~2.0℃/°	Grad 1.2~1.4℃/°	21.88%	15485t	32.72%
SSTA −0.5~0.7℃	SSTA −0.4~−0.2℃	25.00%	9655t	20.40%
SSS 35.0‰~35.7‰	SSS 35.4‰~35.5‰	18.75%	14869t	31.42%
SSH −4~17cm	SSH 2~4cm	20.83%	13567t	28.67%
Chl-a 0.1~0.4mg/m³	Chl-a 0.2~0.25mg/m³	29.17%	20153t	42.58%

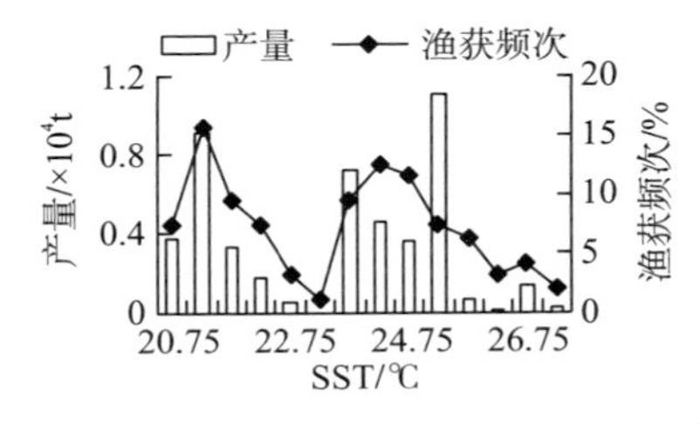

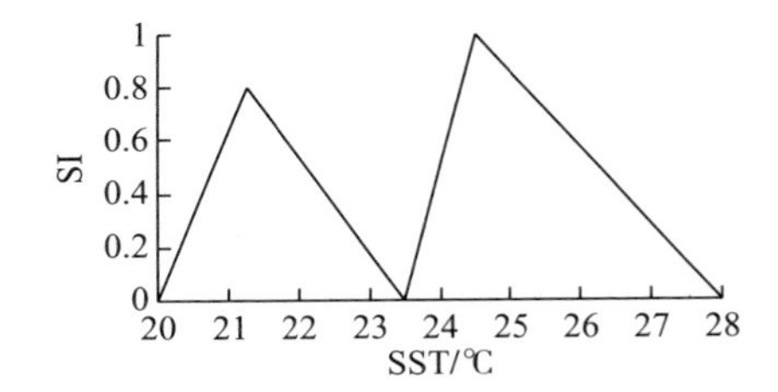

(a)SST

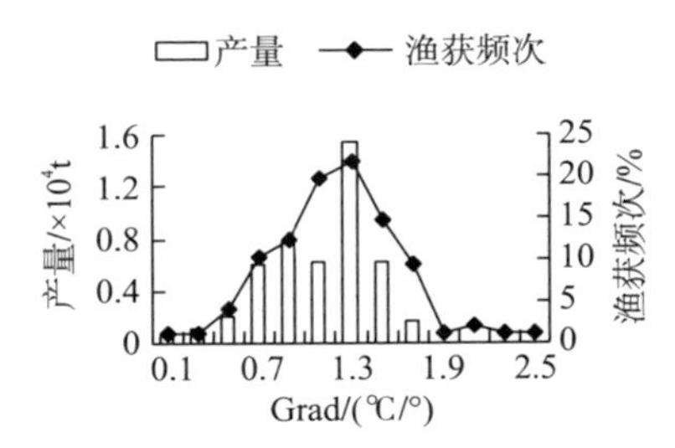

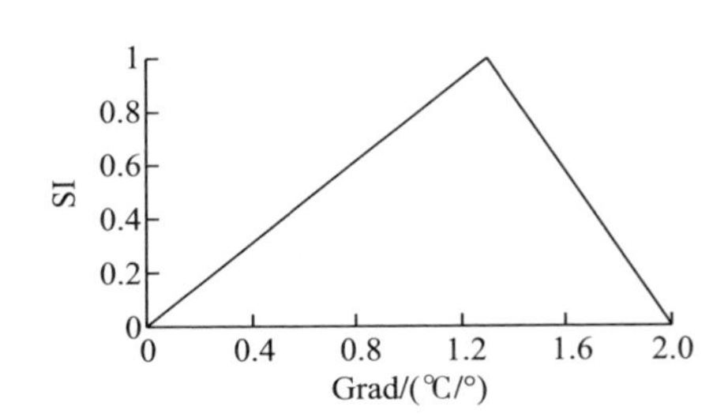

(b)Grad

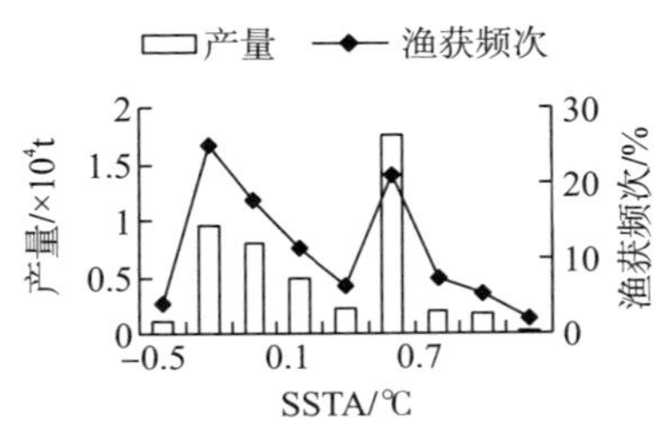

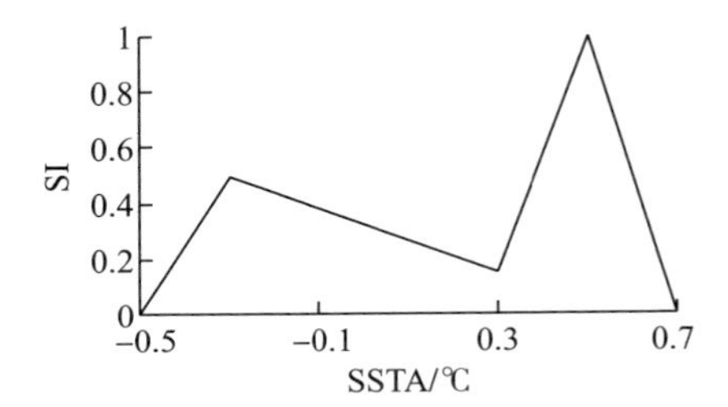

(c)SSTA

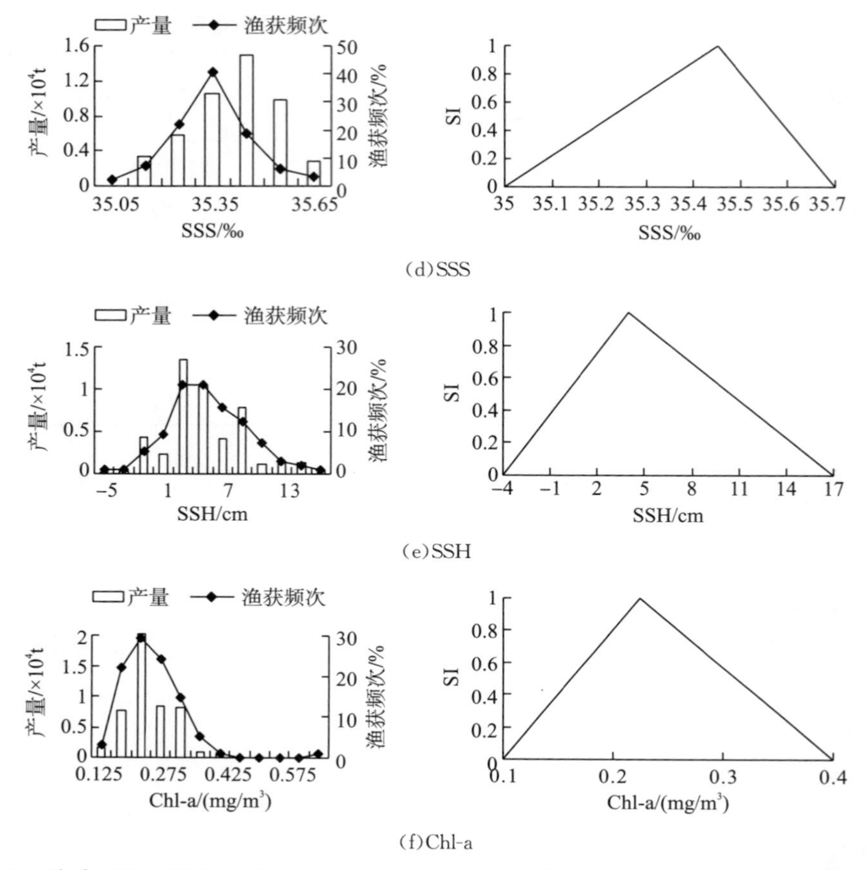

(d)SSS

(e)SSH

(f)Chl-a

图 5-13 秋季 SST、SSTA、Grad、SSS、SSH、Chl-a 和产量、渔获频次的关系及适应性曲线

5.2.4.4 环境因子冬季适宜性曲线(6 月～8 月)

SST 组距为 0.5℃，SSTA 组距为 0.2℃，Grad 组距为 0.2℃/°，SSS 组距为 0.1‰，SSH 组距为 2cm，Chl-a 组距为 0.1mg/m³，各环境因子的产量分布及适应性曲线见表 5-6 和图 5-14。

表 5-6 冬季(6 月～8 月)渔场环境因子分布范围

渔场环境因子	高产海区			
	适宜环境	渔获频次	产量	占总产量比例
SST 16.5～22.5℃	SST 18.0～19.0℃	31.21%	40002t	44.81%
Grad 0.2～2.0℃/°	Grad 0.8～1.2℃/°	45.39%	44467t	49.81%
SSTA −1.7～0.7℃	SSTA −0.8～−0.4℃	39.01%	36919t	41.36%
SSS 34.9‰～35.5‰	SSS 35.0‰～35.1‰	32.62%	33863t	37.94%
SSH −8～12cm	SSH −4～−2cm	19.15%	24174t	27.08%
Chl-a 0.2～0.6mg/m³	Chl-a 0.3～0.35mg/m³	54.61%	59613t	66.78%

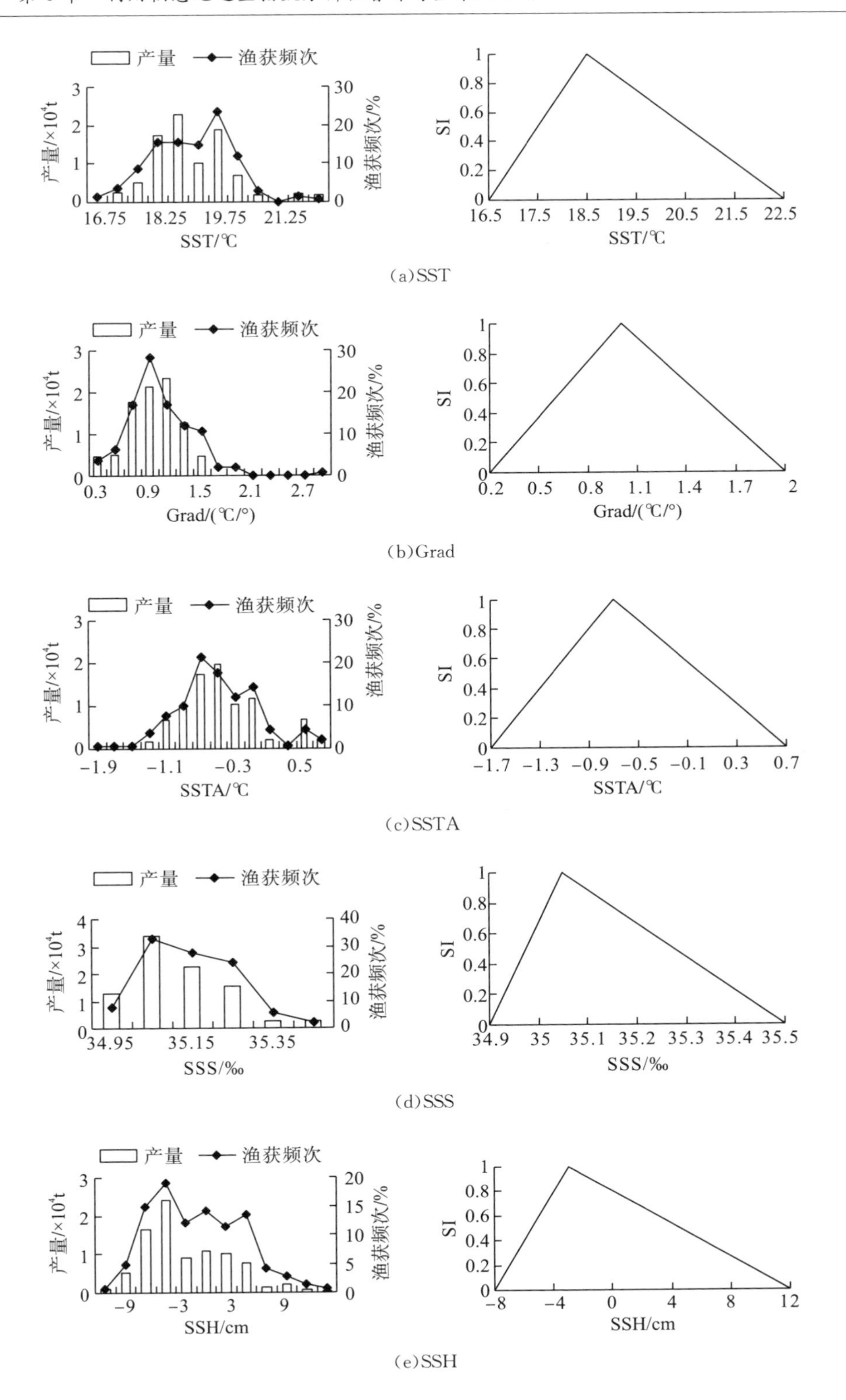

(a)SST

(b)Grad

(c)SSTA

(d)SSS

(e)SSH

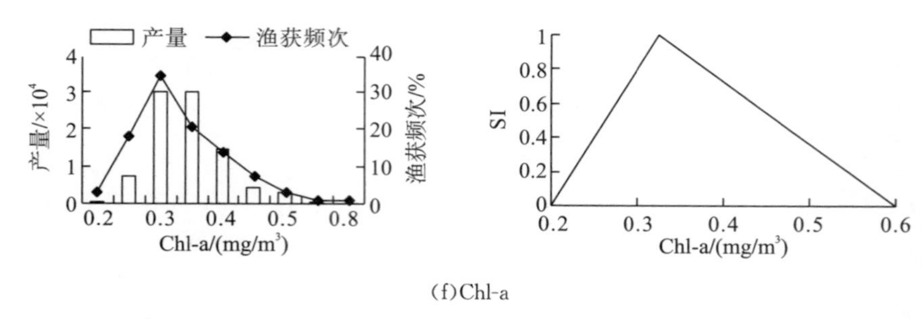

(f)Chl-a

图 5-14 冬季 SST、SSTA、Grad、SSS、SSH、Chl-a 和产量、渔获频次的关系及适应性曲线

5.2.5 主成分分析结果

5.2.5.1 主成分分析过程

将 2003～2007 年每个 CPUE 所对应的 5 个环境因子（SST、Grad、SSS、SSH、Chl-a）数据输入 SPSS 15.0 统计软件中，执行主成分分析模块，输出结果如下。

1. 相关系数矩阵

由表 5-7 可知，SST 和 SSS 的相关性较高，达到 0.723；SSS 和 Chl-a 呈中等程度的负相关，为－0.427；Grad 和 SSH 的相关性最低，为 0.030。

表 5-7 相关系数矩阵

指标	SST	Grad	SSS	Chl-a	SSH
SST	1.000	0.391	0.723	－0.272	0.309
Grad	0.391	1.000	0.100	0.127	0.030
SSS	0.723	0.100	1.000	－0.427	0.279
Chl-a	－0.272	0.127	－0.427	1.000	－0.143
SSH	0.309	0.030	0.279	－0.143	1.000

2. 信息提取

SSH 的信息提取率最高，达到了 97.3%，除了 Chl-a(76.1%)外，其余环境因子的信息提取率均达到了 80%以上（表 5-8）。

表 5-8 信息提取率

指标	原始信息	提取率
SST	1.000	0.853
Grad	1.000	0.848

续表

指标	原始信息	提取率
SSS	1.000	0.802
Chl-a	1.000	0.761
SSH	1.000	0.973

3. 主成分特征值及贡献率

第一主成分特征值为 2.196，贡献率为 43.911%，第二主成分特征值为 1.183，贡献率为 23.668%，第三主成分特征值为 0.858，贡献率为 17.156%，前 3 个主成分累计贡献率达到了 84.735%，前 3 个主成分基本反映了全部指标的信息(表 5-9)。

表 5-9 主成分特征值及贡献率

成分	特征值	贡献率/%	累计贡献率/%
1	2.196	43.911	43.911
2	1.183	23.668	67.58
3	0.858	17.156	84.735
4	0.551	11.02	95.756
5	0.212	4.244	100

4. 初始因子载荷矩阵

第一主成分中，SST 和 SSS 有较高的载荷，代表了 SST 和 SSS 的信息；第二主成分中 Grad 和 Chl-a 有较高的载荷，代表了 Grad 和 Chl-a 的信息；第三主成分中 SSH 载荷较高，集中了 SSH 的信息。说明这三个主成分基本反映了全部的指标信息(表 5-10)。

表 5-10 初始因子载荷矩阵

指标	成分		
	1	2	3
SST	0.886	0.247	−0.086
Grad	0.318	0.855	−0.123
SSS	0.873	−0.127	−0.154
Chl-a	−0.54	0.603	0.324
SSH	0.505	−0.106	0.841

5.2.5.2 环境因子权重的确定

1. 前 3 个主成分表达式

将初始因子载荷矩阵中的数据除以主成分相对应的特征值，然后求平方根便得到 3 个主成分中每个指标所对应的系数。3 个主成分表达式如下：

$$F_1 = 0.598 \times X_1 + 0.215 \times X_2 + 0.589 \times X_3 - 0.365 \times X_4 + 0.341 \times X_5$$

$$F_2 = 0.227 \times X_1 + 0.786 \times X_2 - 0.118 \times X_3 + 0.555 \times X_4 - 0.098 \times X_5$$

$$F_3 = -0.093 \times X_1 + 0.132 \times X_2 - 0.167 \times X_3 + 0.350 \times X_4 + 0.907 \times X_5$$

式中，F_1、F_2、F_3 为主成分；X_1，…，X_5 分别表示 SST、Grad、SSS、Chl-a、SSH。

2. 主成分综合模型

可得到综合得分模型：

$$F = 0.354 \times X_1 + 0.304 \times X_2 + 0.239 \times X_3 + 0.0375 \times X_4 + 0.333 \times X_5$$

综合得分模型中每个指标所对应的系数即每个指标的权重。

3. 确定权重

将综合模型中的系数进行归一化处理，得到权重如表 5-11 所示。

表 5-11 环境指标的权重

指标	权重
SST	0.280
Grad	0.240
SSS	0.188
Chl-a	0.029
SSH	0.263
总和	1

5.2.6 HSI 模型分析

通过 ArcGIS 9.0 软件的空间分析模块中的栅格计算功能分别计算出 5 个环境因子(SST、Grad、SSS、SSH、Chl-a)的各季节平均值(根据南半球的季节分布，按时间先后依次为：夏季 12 月至翌年 2 月，秋季 3 月～5 月，冬季 6 月～8 月，春季9 月～11月)，然后将计算结果重分类并赋相应的 SI 值，再进行栅格计算。栅格计算中，权重求和法计算公式为

$$\mathrm{HSI} = \mathrm{SI}_{\mathrm{SST}} \times 0.280 + \mathrm{SI}_{\mathrm{Grad}} \times 0.240 + \mathrm{SI}_{\mathrm{SSS}} \times 0.188 + \mathrm{SI}_{\mathrm{SSH}} \times 0.263 + \mathrm{SI}_{\mathrm{Chl\text{-}a}} \times 0.029$$

几何平均法计算公式为

$$HSI=(SI_{SST}SI_{Grad}SI_{SSS}SI_{SSH}SI_{Chl\text{-}a})^{\frac{1}{5}}$$

利用 ArcGIS 9.0 软件地理统计模块绘制并输出 2003～2007 年四季 HSI 分布图。

5.2.6.1　2003～2007 年四季 HSI 模型(见附录二至附录六)

1. 权重求和法

1)各季节分布情况

春季，整个海区 HSI≤0.9，渔场的 HSI 分布为 0.5～0.9。

夏季，整个海区 HSI≤0.9，渔场的 HSI 分布为 0.6～0.8。

秋季，除 2004 年外(HSI≤0.9)，整个海区 HSI≤0.8，渔场的 HSI 分布为 0.5～0.8。

冬季，海区 HSI≤0.9，除 2003 年外(HSI 在 0.5～0.8)，渔场的 HSI 分布为 0.6～0.9。

2)各年分布情况

2003 年夏、秋季的 HSI 等值线稀疏，春、冬季较为密集，全年没有出现高适宜海区。在秋季(3～5 月)出现 HSI≥0.8 海区，冬季(6～8 月)HSI≥0.8 海区扩大，随时间向西北偏北移动，渔场随 HSI=0.8 等值线由东南向西北移动。

2004 年除春季(9～11 月)外，其他季节都出现了高适宜海区。夏季(12～2 月)高适宜海区出现在 80°W、18°S 附近，到了秋、冬季，高适宜海区向西北推移，范围扩大，渔场聚集在高适宜海区附近。春季(9～11 月)高适宜海区消退，渔场向南北分散。

2005 年除秋季(3～5 月)外，其他季节都出现了高适宜海区。夏季高适宜海区出现在 82°W、16°S 附近，秋季消退。冬季高适宜海区再次出现，较夏季略靠冬，随时间向西北推移。春季，高适宜海区位于 86°W、12°S。

2006 年除夏季外，其他季节都没有出现高适宜海区。夏季高适宜海区位于 80°W、18°S 附近，但作业海区在高适宜海区之外。全面作业海区基本在 HSI 等值线 0.7～0.8 的海区。

2007 年春、冬季出现高适宜海区。冬季高适宜海区在 81°W、14°S 附近，春季在 86°W、8°S 附近，呈现向西北推移的趋势。全年作业渔场均在高适宜海区之外。

2. 几何平均法

1)每季分布情况

春季，海区 HSI 差异大，2004 年，海区 HSI≤0.7；2003 年、2006 年，海区 HSI≤0.8；2005 年、2007 年 HSI≤0.9。

夏季，2004年、2005年整个海区HSI≤0.9，2003年、2006年、2007年整个海区HSI≤0.8。

秋季，2005年、2007年整个海区HSI≤0.7，2003年、2004年、2006年整个海区HSI≤0.8。

冬季，海区HSI差异大，2006年，海区HSI≤0.7；2003年、2005年，海区HSI≤0.8；2004年、2007年HSI≤0.9。

2)每年分布情况

2003年全年没有出现高适宜海区。从夏季到冬季，HSI覆盖海区逐渐扩大，冬季到夏季又逐渐缩小。春冬季的作业渔场在HSI=0.8附近。

2004年冬季和夏季出现了高适宜海区。冬季，作业渔场位于高适宜海区内及周围，夏季的作业海区则位于高适宜海区西北面。春秋季的作业渔场的HSI为0.5~0.8的海区。

2005年春夏季出现高适宜海区。春冬的作业渔场没有位于高适宜海区内。全年作业渔场主要集中在HSI为0.6~0.8的海区。

2006年全年没有出现高适宜海区。除冬季作业渔场HSI在0.6~0.7，其他季节的作业渔场HSI基本集中在0.7~0.8的海区。

2007年春、冬季出现高适宜海区。冬季作于渔场位于高适宜海区附近，春季的作业渔场远离高适宜，海区。夏季作业渔场的HSI在0.7~0.8，秋季作业海区的HSI都较低。

5.2.6.2 模型比较

计算各站位点的HSI值，然后将HSI分为0~0.2、0.2~0.4、0.4~0.6、0.6~0.8、0.8~1.0五个等级，分别统计5个等级下的总产量(t)、平均产量(t)、渔获频次(%)。平均产量为各等级下总产量除以渔获次数。

在权重求和法中，HSI为0.6~0.8海域内的产量最高，累计产量占总产量的51.17%，渔获频次占总渔获次数的58.53%。HSI≥0.6的区域累计产量占总产量的92.71%，渔获频次占总渔获次数的84.95%。HSI<0.4的区域累计产量仅占总产量的0.03%。平均产量最高的在HSI为0.8~1的海域，为1380t(表5-12)。

在几何平均法中，HSI为0.6~0.8的产量最高，产量占总产量的50.39%，渔获频次占总渔获次数的51.84%，HSI≥0.6的区域累计产量占总产量的81.61%，渔获频次占总渔获次数的71.24%。HSI<0.4的区域累计产量占总产量的4.56%，远大于权重求和法的0.03%。平均产量最高的在HSI为0.8~1的海域，为1412t(表5-13)。

表 5-12　权重求和法的产量分布

HSI	平均产量/t	总产量/t	产量比例/%	渔获频次/%
0～0.2	0	0	0.00	0.00
0.2～0.4	27	82	0.03	1.00
0.4～0.6	453	19040	7.26	14.05
0.6～0.8	767	134269	51.17	58.53
0.8～1	1380	108989	41.54	26.42

表 5-13　几何平均法的产量分布

HSI	平均产量/t	总产量/t	产量比例/%	渔获频次/%
0～0.2	178	3020	1.15	5.69
0.2～0.4	526	8948	3.41	5.69
0.4～0.6	698	36294	13.83	17.39
0.6～0.8	853	132215	50.39	51.84
0.8～1	1412	81903	31.22	19.40

在权重求和法中，HSI 值为 0～0.2 的区域内没有生产，HSI 值为 0.2～0.4 的区域仅生产了 82t。几何平均法的在 HSI 低水平上也获得了一定的产量，HSI 值为 0～0.2 的区域生产了 3020t，HSI 值为 0.2～0.4 的区域生产了 8948t(表 5-12 和表 5-13)。两种模型中平均产量皆随 HSI 值升高而升高，符合本书的最初假设(图 5-15 和图 5-16)。

利用二次函数对两种模型拟合，结果显示权重求和法的拟合度较高，显著性水平为 0.00995(图 5-15、图 5-16、表 5-14)。因此在秘鲁外海可选择用权重求和法进行 HSI 建模，作为茎柔鱼适宜栖息地的动态变化模型。

表 5-14　利用二次函数对两种模型的拟合结果

名称	相关系数 R	拟合度 R^2	F 值	显著性水平
HSI(权重求和法)	0.9950	0.99	99.4585	0.00995
HSI(几何平均法)	0.9788	0.9580	22.8332	0.04196

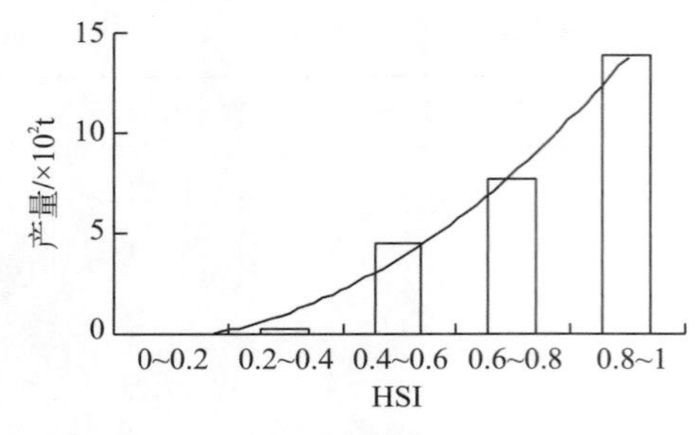

图 5-15　权重求和法平均产量分布

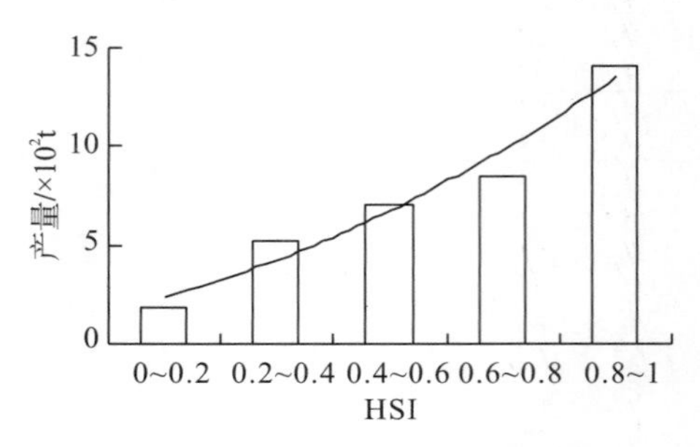

图 5-16　几何平均法平均产量分布

5.2.7　实证分析

利用 2008 年 1～12 月的秘鲁外海茎柔鱼渔获数据进行实证分析。作业区域为 8°～18°S、79°～85°W。渔获数据来自上海海洋大学鱿钓课题组，环境数据为网上下载，网站同前。

5.2.7.1　时空分布

2008 年，在东西分布上，产量最高的为 82°～83°W，向两侧递减。82°～83°W 海域累计产量为 3221t，占总产量的 25.6%；在南北分布上，产量最高的为 13°～14°S，累计产量为 8004t，占总产量的 33.0%。CPUE 最高处位于 79°～80°W 海域，为 6.06t/d；在南北分布上，最高 CPUE 位于 15°～16°S 海域，为 5.34t/d(图 5-17 和图 5-18)。

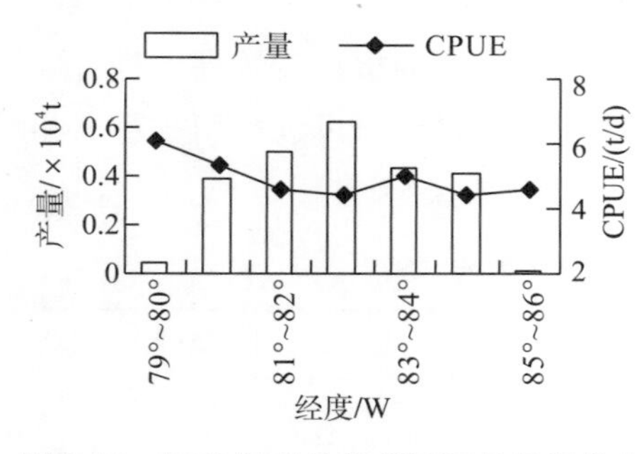

图 5-17　2008 年产量和 CPUE 的经度分布

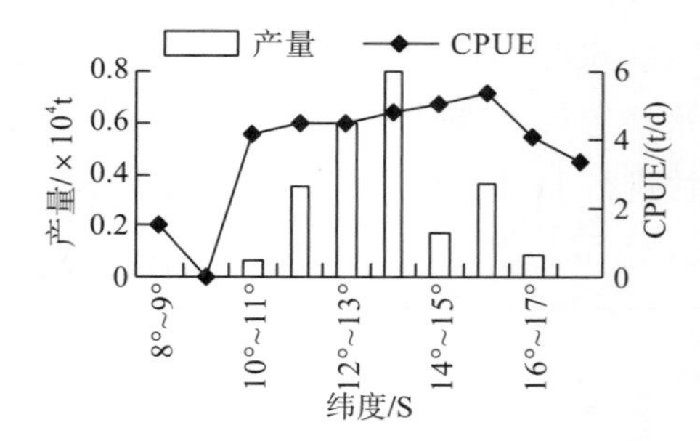

图 5-18　2008 年产量和 CPUE 的纬度分布

2008 年产量最高的为 8 月，为 3781t，占总产量的 15.6%，产量集中在 1～3 月和 7～9 月，累计产量占总产量的 67.9%。CPUE 也是 8 月最高，为 6.27t/d，和产量的变化趋势相似(图 5-19)。

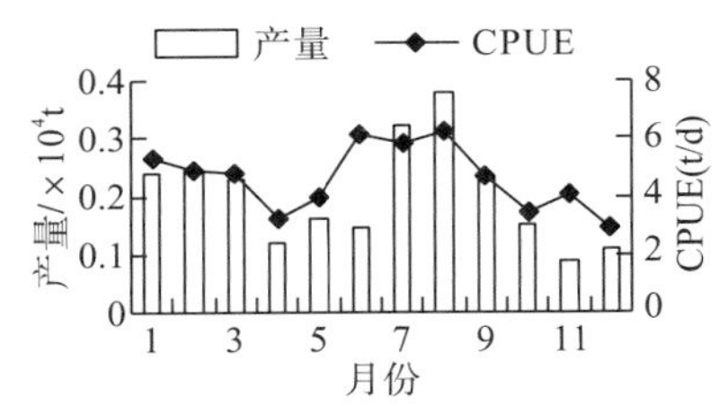

图5-19 2008年产量和CPUE的时间分布

5.2.7.2 HSI模型分析

通过ArcGIS 9.0软件绘制2008年各个季节的HSI分布图(图5-20)，环境因子为每个季节的平均值，方法为权重求和法。各季节时间分布依次为：夏季2007年12月~2008年2月，秋季2008年3~5月，冬季2008年6~8月，春季2008年9~11月。2007年12月~2008年11月共生产茎柔鱼25524t。

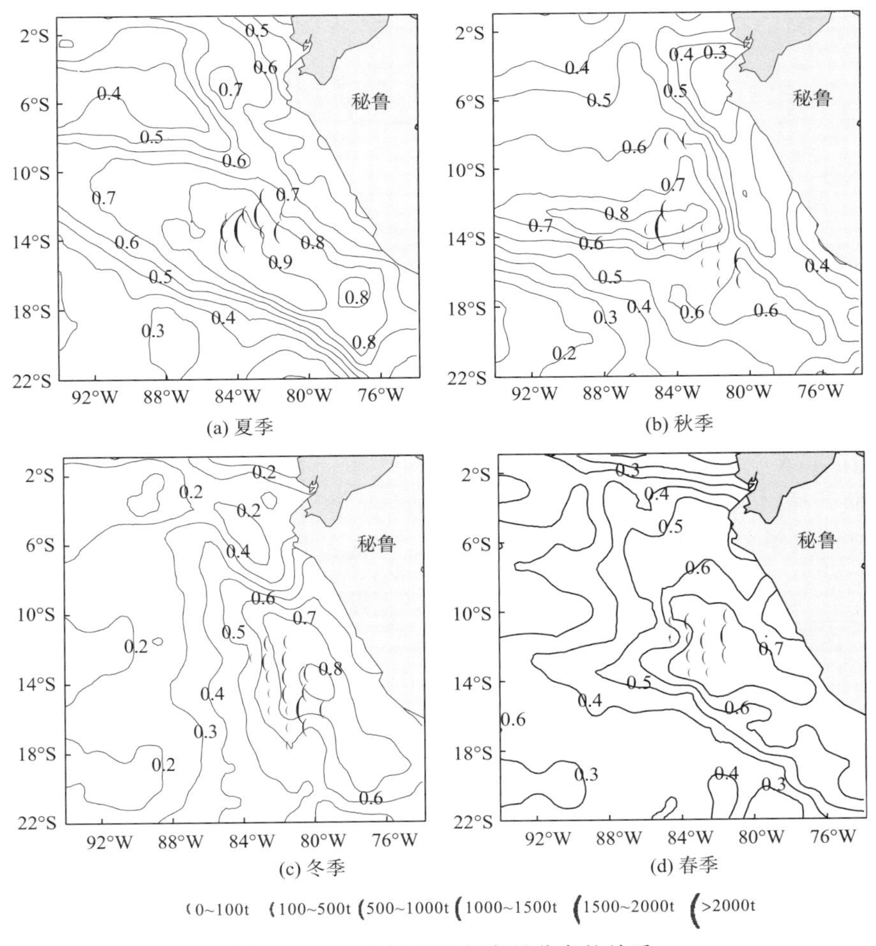

图5-20 2008年HSI与产量分布的关系

由2008年的实证分析可看出，夏季，作业渔场基本位于HSI=0.8等值线内，HSI≥0.8海域渔获频次占总渔获次数的81.82%，累计产量占总产量的94.6%；渔获海域的HSI均在0.6以上。秋季，作业渔场基本位于HSI=0.6等值线内，HSI≥0.8海域渔获频次占总渔获次数的53.50%，累计产量占总产量的58.6%；HSI≥0.6海域渔获频次占总渔获次数的83.9%，累计产量占总产量的86.9%。冬季，作业渔场基本位于HSI=0.6等值线内，HSI≥0.8海域渔获频次占总渔获次数的6.97%，累计产量占总产量的7.0%；HSI≥0.6海域渔获频次占总渔获次数的99.9%，累计产量占总产量的99.9%。春季，作业渔场基本位于HSI=0.6等值线内，HSI≥0.8海域渔获频次占总渔获次数的3.05%，累计产量占总产量的2.2%；HSI≥0.6海域渔获频次占总渔获次数的99.1%，累计产量占总产量的99.1%(表5-15)。

表5-15　2008年权重求和法的产量季节分布

HSI	夏季		秋季		冬季		春季	
	产量/t	渔获频次/%	产量/t	渔获频次/%	产量/t	渔获频次/%	产量/t	渔获频次/%
0～0.2	0	0	0	0	0	0	0	0
0.2～0.4	0	0	0	0	0	0	0	0
0.4～0.6	0	0	669	16.08	9	0.08	35	0.95
0.6～0.8	439	18.18	1445	30.42	7884	92.95	3730	96.00
0.8～1	7680	81.82	2992	53.50	573	6.97	84	3.05

根据本书的假设，HSI值越高的海域产量越高。2008年产量基本集中在HSI≥0.6的海域，在HSI为0～0.4的海域没有生产。HSI≥0.6海域累计渔获频次为88.13%，累计产量为24812t，占总产量的97.21%。平均产量随HSI值升高而升高，最高的为HSI为0.8～1的海域，产量为666t。利用二次函数拟合后，R^2=0.9937，显著性水平为0.00635，可认为假设成立(表5-16和图5-21)。

表5-16　2008年茎柔鱼产量的HSI分布

HSI	平均产量/t	总产量/t	产量比例/%	渔获频次/%
0～0.2	0	0	0	0
0.2～0.4	0	0	0	0
0.4～0.6	102	712	2.79	11.86
0.6～0.8	386	13498	52.88	59.32
0.8～1	666	11314	44.33	28.82

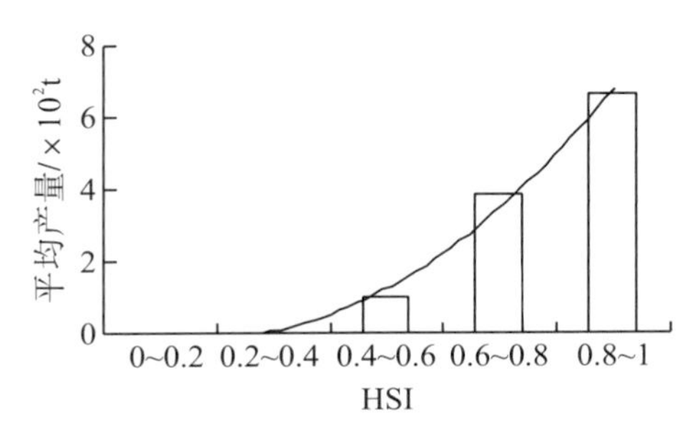

图 5-21　2008 年 HSI 与平均产量的关系

5.3　讨论与分析

5.3.1　渔场的时空分布

5.3.1.1　渔场的空间分布

2003～2007 年，产量在空间分布上差异显著。东西方向上，产量集中在 80°～83°W海域，南北方向上集中在 10°～16°S 海域。呈现出分布范围东西向较窄，南北较宽的分布格局。

秘鲁外海茎柔鱼产量最高的海域为 80°～81°W、14°～15°S，累计产量为 26759t，占总产量的 10.10%。其次为 81°～82°W、14°～15°S 海域，占总产量的 6.91%。渔获频次最高的海域为 81°～83°W、8°～9°S，为 14.71%。渔获频次超过 5%的海域有：79°～80°W、16°～17°S，80°～81°W、10°～11°S，80°～81°W、16°～17°S 和 80°～81°W、14°～15°S(图 5-22 和图 5-23)。

高产海域的分布可能和地理位置以及当地的水文环境有关。高产海域基本分布在秘鲁 200 海里专属经济区外侧，呈东南—西北走向。200 海里专属经济区处在大陆架的边缘的外洋一侧，国外学者研究认为，茎柔鱼的产卵场位于大陆架边缘以及邻近的大洋海域(Tafur et al.，2001)，因此在这一海域茎柔鱼容易集群，产量较高，这一研究结论与国外学者的结论基本一致。

5.3.1.2　渔场的时间分布

通过 2003～2007 年的渔获数据时间分布可看出，秘鲁外海茎柔鱼产量集中在每年的 6 月～11 月，并在 8 月达到高峰。产量分布呈现明显的季节性差异，冬春两季的产量明显高于秋冬季。这可能和茎柔鱼的繁殖习性有关，国外学者研究

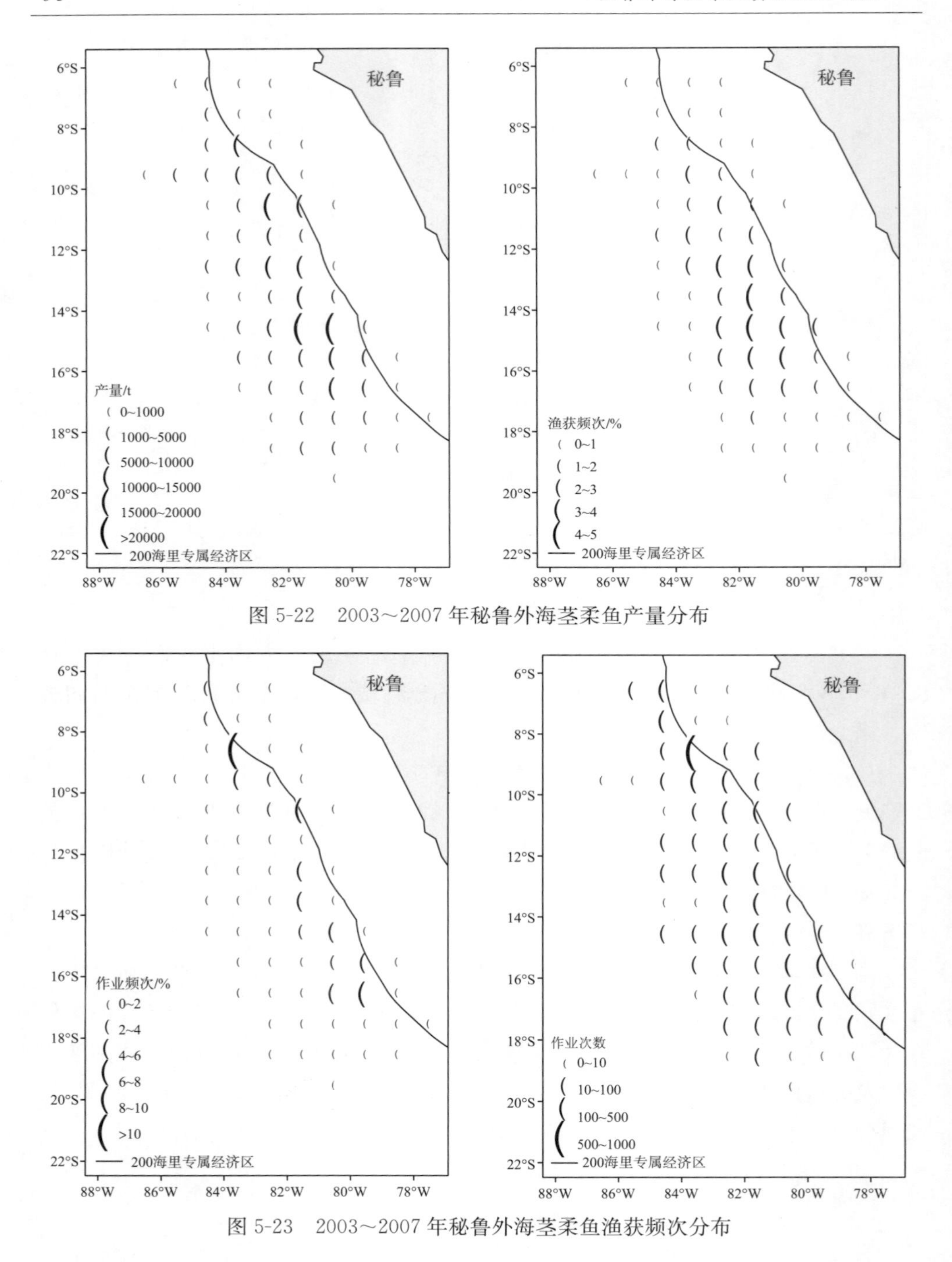

图 5-22 2003～2007 年秘鲁外海茎柔鱼产量分布

图 5-23 2003～2007 年秘鲁外海茎柔鱼渔获频次分布

认为(Tafur et al.，2001)，在秘鲁外海的茎柔鱼产卵高峰在 10 月至翌年 1 月，次高峰在 7 月～8 月。在茎柔鱼繁殖季节，鱼群大面积集中，产量较高。

5.3.2　渔场和环境因子的关系

2003～2007 年作业渔场的分布范围以及对应的环境因子见表 5-17。

表 5-17　2003～2007 年作业渔场和环境因子

环境因子	2003 年	2004 年	2005 年	2006 年	2007 年
SST/℃	16～25	17～26	18～25	18～28	16～27
SSTA/℃	−1.4～0.5	−2～0.7	−1.3～0.5	−0.3～1.3	−2.2～0.6
Grad/(℃/°)	0.2～2.2	0～2.2	0.3～1.7	0.6～2.0	0.2～2.0
SSS/‰	34.8～35.6	34.9～35.7	35～35.6	35～35.5	35～35.5
SSH/cm	−7～10	−8～12	−7～17	−2～9	−5～13
Chl-a/(mg/m^3)	0.1～0.8	0.1～0.9	0.2～0.5	0.1～0.5	0.1～0.5
经度/°W	75～90	78～86	79～87	80～85	79～85
纬度/°S	6～19	6～20	8～19	10～17	9～18

5.3.2.1　SST 和渔场的关系

2003～2007 年 SST 在 16°～28℃，最适 SST 为 19～20℃。2003～2007 年作业渔场范围逐渐缩小，东西和南北向趋向集中，由跨 15 个经度、13 个纬度(2003 年)缩小至只跨 6 个经度和 9 个纬度(2007 年)，渔场范围虽然缩小了，但渔场的 SST 范围并没有发生巨大变化。国内外学者研究认为，秘鲁外海 SST 为 17～23℃的海域产量相对较高(叶旭昌，2002；Cairistion et al.，2001；陈新军和赵小虎，2006；胡振明和陈新军，2008)，和本书的研究结果基本一致，说明 SST 是影响茎柔鱼渔场重要的环境因子(表 5-17)。

5.3.2.2　Grad、水温垂直结构和渔场的关系

一般认为在 SST 水平梯度(Grad)大的区域鱼群较为密集(于杰和李永振，2007)，但在秘鲁外海的茎柔鱼渔场并非在 Grad 大的海域获得高产。这可能还和水温的垂直结构有关，水温垂直结构在渔场形成中是极为重要和关键的(于杰和李永振，2007)。在秘鲁沿岸有广泛的上升流，外海则存在南下的暖流，两股水团交汇形成海洋锋，锋面由沿岸向外海一侧倾斜。根据海洋学原理，该类海洋锋属于沿岸上升流锋，是前进锋的一种。沿岸上升流锋的向岸一侧存在高密度的上升流海水，向海侧则是低密度的表层水。在沿岸由于存在高密度上升流海水 Grad 大，温跃层深度浅，而在锋面向海侧则被低密度暖水占据，SST 水平梯度

相对较小，温跃层深度增加。

秘鲁外海的高产海域位于 Grad 等值线密集区的边缘靠暖水一侧。根据图 5-10，在 Grad 较大的海域，垂直剖面上的水温等值线十分密集，且等值线基本水平，温跃层深度较浅(20～30m)。而在高产海域的 Grad 相对适中，水温等值线会向暖水一侧倾斜，温跃层深度较 Grad 大的海域则有所下降(40～60m)。

由此设想，茎柔鱼可能喜欢待在 Grad 度适中(0.8～1℃/°)，垂直剖面水温等值线倾斜的海域。而在 Grad 大、垂直剖面水温等值线密集且水平的海域，温跃层深度浅，适合茎柔鱼栖息的上层水层缩小，迫使其向 Grad 小的海区移动，寻求更为开阔的栖息水域，从而在 Grad 等值线密集区边缘形成良好的渔场。由此可见，秘鲁外海的海洋环境特征(尤其是上升流)对茎柔鱼渔场分布有重要影响。

5.3.2.3　SSTA 和渔场的关系

2003～2007 年渔场 SSTA 为－2.2～1.3℃，适宜 SSTA 为－0.5～0.5℃。国外学者认为(Anatolio et al.，2001)，在适温范围内，相对较高的水温更适合茎柔鱼的生长、繁殖。东南太平洋茎柔鱼的产量与厄尔尼诺事件也密切相关，发生厄尔尼诺事件(SSTA 异常升高)时(Cairistion et al.，2001)，可能会使其产量下降。通过对 2003～2007 年的数据分析可以发现，最适 SSTA 为－0.5～0.5℃，即在 0℃附近，也就是说当地的 SST 接近常年平均值时，该海域则比较适宜茎柔鱼生长。是否可以认为，在一定范围内 SSTA 的大小对于茎柔鱼的生长、繁殖等的影响并不大，但这还有待进一步研究。

5.3.2.4　SSS 和渔场的关系

海区盐度分布呈现东北盐度低，西南盐度高的格局，HSI 图也呈现出东北和西南海区的 HSI 值偏低，中间较高的分布状态。在权重求和法和几何平均法得到的 HSI 分布图中，海区东北角即 84°W 以东、6°S 以北海域的 HSI 值较低或 HSI=0，这可能和其地理位置有关。在海区东北角有瓜亚基尔湾，存在地表径流，沿岸有大量淡水注入，使得港湾附近海区的盐度明显低于一般海水盐度(35‰)。在 SSS<34.8‰的海区，SI_{SSS}为 0，这使得几何平均法的 HSI 值也为 0，或权重求和法的 HSI 偏低。在海区西南的盐度值则较高，SSS 一般大于 35.7‰，故而使海区的 HSI 值偏低或为 0。

盐度对大多数鱼类的直接影响较小(于杰和李永振，2007)，就秘鲁外海茎柔鱼来说，一般在每年的 1～6 月海区高盐水所占比例较大，常位于海区西南和西面；7 月～12 月高盐水向西后撤，海区盐度降低。6 月～10 月是茎柔鱼繁殖的阶段，产量也高。茎柔鱼分布广泛，其属于狭盐性还是广盐性则有待进一步研究。但从本书的研究结果可以推测，秘鲁外海的茎柔鱼在繁殖季节对盐度的适应性范围较窄。

5.3.2.5　SSH 和渔场的关系

SSH 值呈现近岸低、外海高的格局。渔场的 SSH 等值线较为密集，且基本和沿岸平行。虽然 SSH 的最适值为 2～4cm，但在 −4～4cm 集中了全部产量的 67%，表现出集中在 0cm 附近的趋势。在 SSH 为 0 的海区可能是上升流冷水团的边缘，渔场处在水团交汇处，故而茎柔鱼大面积集中。

5.3.2.6　Chl-a 和渔场的关系

秘鲁外海茎柔鱼的适宜 Chl-a 范围较小，且产量基本集中在 0.2～0.4mg/m^3。Chl-a 等值线基本和沿岸平行，近岸高，外海低。沿岸有陆地径流，营养盐充分，故而 Chl-a 高。一般上半年沿岸高 Chl-a 浓度的海区较大，下半年则较小。全年渔场的 Chl-a 变化不大，且在主成分分析中，Chl-a 的权重也最小，因此 Chl-a 对于茎柔鱼渔场的分布影响不大。

5.3.3　HSI 模型

Paul 等(2003)提出 HSI 模型在使用中存在一定的缺陷，其中一点就是没有考虑各环境变量的权重。在整个生态系统中，各环境变量有主次之分，之间又存在相互的联系，确定各变量权重之后再进行 HSI 建模能使预测结果的误差减小，更好地预报渔场。本书尝试使用主成分分析法确定环境变量的权重，其预测效果要优于不考虑权重的几何平均法。虽然两种模型的预测结果均符合本书的假设，但在几何平均法中，HSI 在低水平内仍获得了一定的产量(超过 1×10^4 t)，相比较而言，权重求和法则更适合预报渔场。

通过对 2008 年茎柔鱼渔场预报的实证分析，权重求和法能较为准确地预报渔场范围。但最适海区和实际作业海区仍存在一定的偏差(图 5-21)，这可能和以下几种原因有关：SI 曲线的准确性，SI 曲线来自对于渔获数据的分析，其准确性直接关系到 HSI 建模的预测结果；本书认为各个季节的环境因子权重相等，但在茎柔鱼的整个生命周期，不同生活阶段的主要影响因子可能各有不同。

5.3.4 存在的问题

智利外海的茎柔鱼渔场开发晚于秘鲁外海，还没有形成大规模的商业性捕捞，鱿钓船仅在秘鲁外海和西南大西洋两个渔场之间转移，途中会在智利外海进行捕捞，规模较小，也没有形成一定的渔汛。而东南太平洋茎柔鱼的分布从赤道一直到智利外海(45°～47°S)，今后可更多地收集智利外海的茎柔鱼渔获数据，分析秘鲁外海和智利外海茎柔鱼渔场分布的异同点，建立东南太平洋的茎柔鱼栖息地指数模型，进行动态预测，从而更好地为生产服务。

在进行渔场和水温垂直结构的关系分析中，只分析了 2006 年的例子，而且是定性分析，没有对 2003～2007 年的渔场水温垂直结构进行定量分析。因为秘鲁外海存在发达的上升流，对于茎柔鱼的生长、繁殖等影响显著，今后应该增加研究的时间序列范围，重点对茎柔鱼渔场和温跃层关系进行探讨。

根据渔场形成的原理，饵料生物、溶解氧浓度、海流这些生物及非生物因子对于渔场的分布也有重要的影响，本书没有收集相关的数据，因此没有展开相关的分析研究，这也将是今后的一个研究方向。

在进行季节 HSI 权重求和法建模中，权重系数用的是年平均的权重，而没有对每个季节分别求权重，因此对于 HSI 分布图可能产生一定的偏差。

第 6 章　海洋水温对茎柔鱼资源补充量影响的初探

东太平洋海域受两个低速东部边界流（秘鲁海流和加利福尼亚海流）影响，并在信风作用下引起厄尔尼诺事件和拉尼娜事件，厄尔尼诺事件会导致上升流减弱，相反拉尼娜事件会导致上升流增强。产卵场是短生命周期种类重要的栖息地，其海洋环境状况直接影响资源补充量的多少。为此，本章应用灰色关联分析方法，根据 2003～2010 年我国鱿钓船在秘鲁外海的生产统计数据、茎柔鱼作业渔场和产卵场 SST 数据、以及 Nino 1+2 SSTA 等资料，分析产卵场海洋环境变化对茎柔鱼种群的资源补充和分布的影响，了解其变化规律，为茎柔鱼资源的养护和可持续利用提供依据。

6.1　材料与方法

6.1.1　材料

生产数据来自上海海洋大学鱿钓课题组，为 2003 年 1 月～2010 年 12 月我国东南太平洋海域的鱿钓生产统计数据，内容包括日期、经度、纬度、日产量和渔船数。

通常用来表征厄尔尼诺事件和拉尼娜事件的指标有 Nino 1+2、Nino 3.4 等指标，本研究中采用 Nino 1+2 SSTA 指标来表达。其数据来自美国国家海洋大气局（NOAA）气候预报中心网站（http://www.cpc.ncep.noaa.gov/），时间为 2003～2010 年，时间分辨率为月。海表温度（SST）数据来自美国哥伦比亚大学海洋环境数据库，为 20°N～20°S、70°～110°W，时间分辨率为月，空间分辨率分别为1°×1°。

6.1.2 研究方法

根据中国远洋渔业协会鱿钓工作组提供的2003～2010年中国鱿钓船船队生产统计数据，计算各鱿钓船单位捕捞努力渔获量(CPUE，单位为t/d)，以作为资源量的相对密度。由于茎柔鱼是短生命周期种类，因此当年的CPUE可作为反映其资源补充量的指标。

Waluda等(1999)根据鱿钓船在夜晚采用集鱼灯诱集鱿鱼的特性，利用DMSP-OLS系统统计出1991～2002年作业渔船在秘鲁外海的分布位置，所以以此为依据将作业渔场规定在20°N～20°S、70°～110°W，并将17～22℃定义为其作业渔场最适海表温度(Nigmatullin et al.，2001；Taipe et al.，2001)，同时计算最适表层水温范围占总面积的比例(P_F)，以此来表达其栖息环境的好坏。有关文献(Anderson and Rodhouse，2001；Waluda et al.，2004)推测茎柔鱼的产卵场可能为0°～15°N、85°～100°W，海表温度24～28℃为其产卵的最适水温(Ichii et al.，2002)，为此我们计算其产卵场最适表层水温范围占总面积的比例(P_S)，以表征茎柔鱼产卵时栖息环境的好坏。茎柔鱼是短生命周期种类，其产卵场海洋环境好坏可能直接对其资源补充量产生影响。

利用灰色关联度方法分析2003～2010年各月茎柔鱼作业渔场P_F和产卵场P_S与Nino 1+2 SSTA的关系，以此探讨厄尔尼诺事件对茎柔鱼产卵场和作业渔场适宜环境的影响。

利用灰色关联度方法分析2003～2010年各月茎柔鱼作业渔场P_F和产卵场P_S与当年CPUE及前一年CPUE的关系，以此探讨2个海域渔场环境变化对其资源补充量的影响或者滞后影响。

灰色关联度计算方法见陈新军(2003)。灰色关联度分析基于灰色系统的灰色过程，是进行因素间时间序列的比较，不要求数据太多，主要以静态研究为主，其分析适应性更广，在用于社会经济系统中的应用更有独到之处。

关联度分析一般包括下列计算和步骤：原始数据变换、计算关联系数、求关联度、排关联序、列关联矩阵。

设有m个时间序列

$$\begin{bmatrix} t & x_1^{(t)} & x_2^{(t)} & \cdots & x_n^{(t)} \\ 1 & x_1^{(1)} & x_2^{(1)} & \cdots & x_n^{(1)} \\ 2 & x_1^{(2)} & x_2^{(2)} & \cdots & x_n^{(2)} \\ \vdots & \vdots & \vdots & & \vdots \\ n & x_1^{(m)} & x_2^{(m)} & \cdots & x_n^{(m)} \end{bmatrix} \tag{6-1}$$

亦即

$$\{X_1^{(0)}(t)\},\ \{X_2^{(0)}(t)\},\ \cdots,\ \{X_m^{(0)}(t)\}\quad (t=1,\ 2,\ \cdots,\ N) \tag{6-2}$$

式中，N 为各序列的长度即数据个数，这 m 个序列代表 m 个因素(变量)。另设定时间序列：

$$\{X_0^{(0)}(t)\}\quad (t=1,\ 2,\ \cdots,\ N) \tag{6-3}$$

该时间序列称为母序列，而上述 m 个时间序列称为子序列。关联度是两个序列关联性大小的度量。根据这一观点，可给母序列与子序列一个量化的关联度数值，其计算方法与步骤如下：

1)原始数据变换

原始数据变换主要有以下几种常用方法：

(1)均值化变换。先分别求出各个序列的平均值，再用平均值去除对应序列中的各个原始数据，所得新的数据列即为均值化序列。

(2)初值化变换。分别用同一序列的第一个数据去除后面的各个原始数据，得到新的倍数数列，即为初值化数列。

(3)标准化变换。先分别求出各个序列的平均值和标准差，然后将各个原始数据减去平均值后再除以标准差，这样得到的新数据序列即为标注化序列。

本章采用标准化变换对数据进行处理。

2)计算关联系数

经数据变换的母序列即为 $\{X_0(t)\}$，子序列记为 $\{X_i(t)\}$，则在时刻 $t=k$ 时母序列 $\{X_0(k)\}$ 与子序列 $\{X_i(k)\}$ 的关联系数 $L_{0i}(k)$可由下式计算：

$$L_{0i}(k)=\frac{\Delta_{\min}+\Delta_{\max}}{\Delta_{0i}(k)+\rho\Delta_{\max}} \tag{6-4}$$

式中，$\Delta_{0i}(k)$表示 k 时刻两比较序列的绝对差，即 $\Delta_{0i}(k)=|x_0(k)—x_i(k)|$ $(1\leqslant i\leqslant m)$；$\Delta_{\max}$和 $\Delta_{\min}$分别表示所有比较序列各个时刻绝对差中的最大值和最小值。因为比较序列相交，故一般取 $\Delta_{\min}=0$；ρ 称为分辨系数，其意义是削弱最大绝对差数值太大引起的失真，提高关联系数之间的差异显著性，$\rho\in(0,1)$，一般情况下可取 0.1～0.5。本章计算中取 $\rho=0.1$。

3)求关联度

由以上所述可知，关联度分析实质上是对时间序列数据进行几何关系比较，若两序列在各个时刻点都重合在一起，即关联系数均等于 1，则两序列在任何时刻也不可垂直，所以关联系数均大于 0，故关联度也都大于 0，因此两序列的关联度便以两比较序列各个时刻的关联系数的平均值计算，即

$$r_{0i}=\frac{1}{N}\sum_{k=1}^{N}L_{0i}(k) \tag{6-5}$$

式中，r_{0i}为子序列 i 与母序列 0 的关联度，N 为比较序列的长度(即数据个数)。

4)排关联序

将 m 个子序列对同一母序列的关联度按大小顺序排列起来，便组成关联序，记为$\{X\}$。

5)列出关联度矩阵

若有 n 个母序列$\{Y_1\}$，$\{Y_2\}$，…，$\{Y_n\}$($n\neq 2$)及其子序列$\{X_1\}$，$\{X_2\}$，…，$\{X_m\}$($m\neq 1$)，则各子序列对母序列$\{Y_1\}$有关联度$[r_{11}, r_{12}, \cdots, r_{1m}]$，各子序列对于母序列$\{Y_2\}$有关联度$[r_{21}, r_{22}, \cdots, r_{2m}]$。类似的，各子序列对于母序列 $\{Y_n\}$ 有关联度$[r_{n1}, r_{n2}, \cdots, r_{nm}]$。

将 r_{ij}($i=1, 2, \cdots, n$；$j=1, 2, \cdots, m$)作适当排列，可得到关联度矩阵：

$$\boldsymbol{R}=\begin{bmatrix} r_{11} & r_{12} & \cdots & r_{1m} \\ r_{21} & r_{22} & \cdots & r_{2m} \\ \vdots & \vdots & & \vdots \\ r_{n1} & r_{n2} & \cdots & r_{nm} \end{bmatrix} \text{或} \boldsymbol{R}=\begin{bmatrix} r_{11} & r_{12} & \cdots & r_{1n} \\ r_{21} & r_{22} & \cdots & r_{2n} \\ \vdots & \vdots & & \vdots \\ r_{m1} & r_{m2} & \cdots & r_{mn} \end{bmatrix} \tag{6-6}$$

6.2 研究结果

6.2.1 各年 CPUE 及产量关系

2003～2010 年中 CPUE 最高为 2004 年的 7.1t/d，最低为 2005 年的 4.08t/d。产量最高为 2004 年的 126.6×10^3t，最低为 2009 年的 22.2×10^3t(图 6-1)。由图 6-1 可知，茎柔鱼年产量和年 CPUE 在 2004 年达到最高值，而 2005～2010 年产量明显下降，基本稳定在 20.0×10^3～30.0×10^3t，CPUE 则保持在 4.0～6.0t/d。

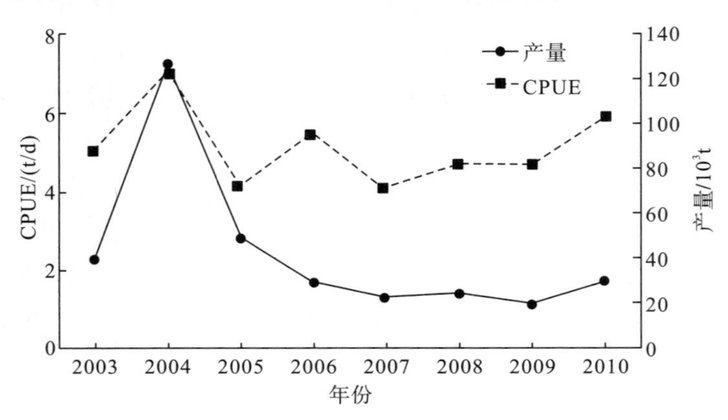

图 6-1 2003～2010 年茎柔鱼产量和 CPUE 分布图

6.2.2 作业渔场和产卵场最适表温范围分析

2003～2010 年作业渔场(20°N～20°S、70°～110°W)各月表层水温基本保持在 14～31℃，产卵场(0°～15°N、85°～100°W)表层水温基本保持在 19～31℃，但是它们最适表温范围变化较大(表 6-1)。以 2010 年为例，1～12 月作业渔场 P_F 最大为 46.4%，最小为 2.0%；1～12 月产卵场 P_S 最大为 84.0%，最小为 9.9%(表 6-1)。

表 6-1　2003～2010 年作业渔场和产卵场最适表温范围

		2003 年	2004 年	2005 年	2006 年	2007 年	2008 年	2009 年	2010 年
作业渔场 P_F/%	最小值	1.3	0.5	1.8	0.5	0.5	0.7	0.3	2.0
	最大值	31.5	37.3	40.4	25.3	46.6	32.6	28.3	46.4
产卵场 P_S/%	最小值	10.8	22.4	17.5	25.2	15.7	11.2	21.6	9.9
	最大值	76.9	87.1	90.7	94.3	80.5	91.6	93.9	84.0

2003～2010 年各月作业渔场 P_F 最大的月份集中在 9 月、10 月和 11 月，最大为 46.6%；最小的月份集中在 2 月和 3 月，最小为 0.3%。产卵场 P_S 最大的月份集中在 1 月和 12 月，最大为 94.3%；最小的月份集中在 3 月、4 月和 5 月，最小为 9.0%。

6.2.3 各年 Nino 1+2 SSTA 与作业渔场及产卵场最适表温范围之间的关系

2003～2010 年 Nino 1+2 SSTA 与作业渔场 P_F 及产卵场 P_S 的关系如图 6-2 所示。灰色关联分析认为，Nino 1+2 SSTA 与作业渔场 P_F 的灰色关联度为 0.31，低于 Nino 1+2 SSTA 与产卵场 P_S 的灰色关联度 0.37。由此认为，Nino 1+2 SSTA 对产卵场 P_S 的影响较为明显。

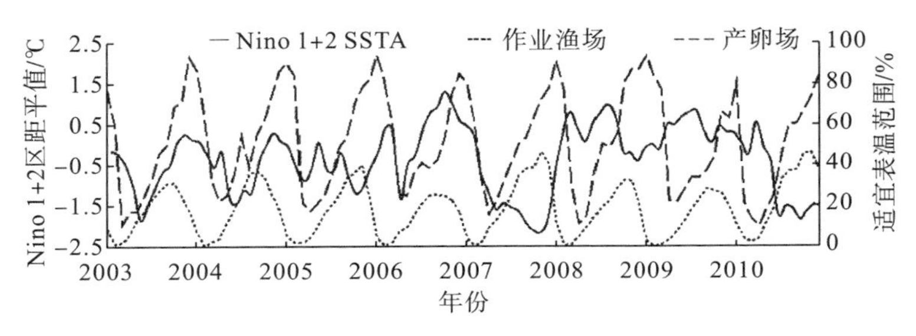

图 6-2　2003～2010 年 Nino 1+2 SSTA 与作业渔场、产卵场的最适表温范围之间关系

6.2.4 作业渔场和产卵场的最适表温范围与CPUE之间的关系

分别将2003～2010年各月作业渔场P_F与当年以及前一年CPUE作灰色关联分析，经统计得出，关联度最高为前一年12月的0.50[图6-3(b)]，最低为前一年8月的0.20[图6-3(b)]。由此可见，2003～2010年茎柔鱼CPUE与当年作业渔场P_F的灰色关联度最高月份连续出现在3～4月[图6-3(a)]，而与次年作业渔场P_F的灰色关联度最高月份连续出现在12月～翌年2月[图6-3(b)]。

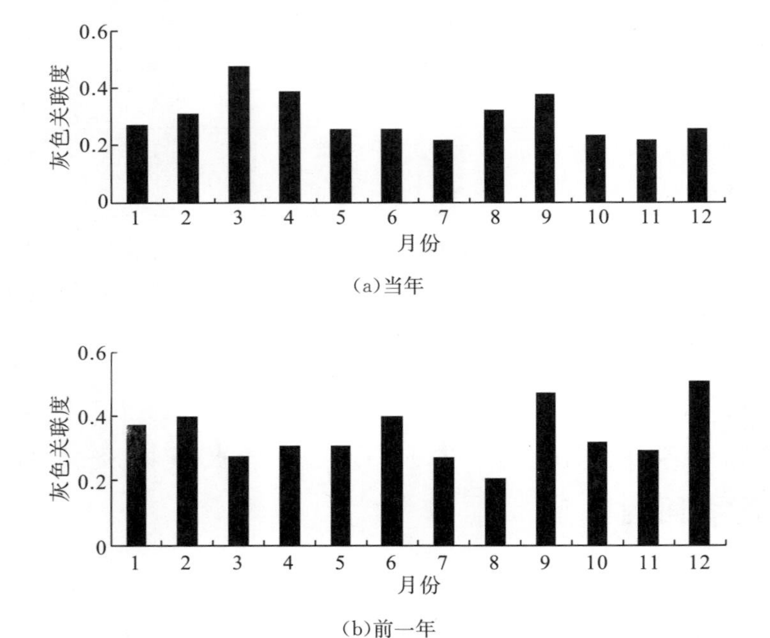

图6-3 2003～2010年茎柔鱼年CPUE与当年及前一年渔场各月最适表温范围的灰色关联度

分别将2003～2010年各月产卵场P_S与当年以及前一年CPUE作灰色关联分析，经统计得出关联度最高为前一年2月的0.56，最低为当年10月的0.17(图6-4)。从图6-4中可看出，2003～2010年茎柔鱼CPUE与当年和次年产卵场P_S的灰色关联度在11月、12月和当年2月都保持在0.40及其以上，在所有月份中居前三位。

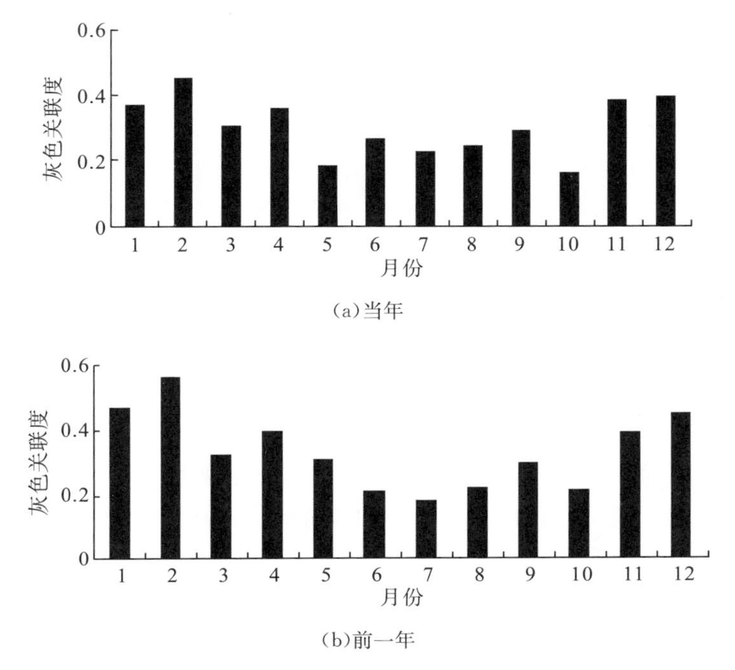

(a)当年

(b)前一年

图 6-4　2003～2010 年茎柔鱼年 CPUE 与当年及前一年产卵场各月最适表温范围的灰色关联度

6.3　讨论与分析

6.3.1　产卵场 P_S 与厄尔尼诺事件和拉尼娜事件的关系

由灰色关联分析得出，产卵场 P_S(24～28℃)与 Nino 1+2 SSTA 的灰色关联度高于作业渔场 P_F(17～22℃)与 Nino 1+2 SSTA 的灰色关联度，由此可知厄尔尼诺等事件对产卵场 P_S 的影响较为明显。其中产卵场 P_S 最大的月份集中在 1 月和 12 月，最高为 94.3%，同时 2003～2010 年 1 月和 12 月多伴随有拉尼娜事件发生。产生这种现象的原因可能是发生厄尔尼诺事件时，沿海离岸风的减弱使得上升流范围下降，使原先产卵场 P_S 减小；反之受拉尼娜事件影响时，上升流范围扩大，产卵场 P_S 增大。

6.3.2　产卵场 P_S 与茎柔鱼资源补充量的关系

受拉尼娜事件影响，产卵场 P_S 在 1 月和 12 月较大，基本维持在 63.0%～94.0%，并且与 CPUE 的灰色关联度较高。研究认为(Waluda et al.，1999)，

P_S增大反映出秘鲁外海海水表面温度降低，同时形成较为强劲的上升流使海水中的营养盐更为丰富。所以在东南太平洋海域，上升流和初级生产力的变化对茎柔鱼资源补充量的影响是比海水温度变化更为重要的环境影响因子，例如1997年和1998年受厄尔尼诺事件影响，秘鲁外海上升流减弱，茎柔鱼产量显著减少（Waluda et al.，1999）。Nevárez-Martínez等（2000）和Ichii等（2002）也同样指出在加利福尼亚海湾，SST并非是影响柔鱼资源量和分布的主要限制因子。

另外，受拉尼娜事件影响，海域内初级生产力和次级生产力发生变化，即茎柔鱼的捕食对象资源量的变化（Nigmatullin et al.，2001）。在拉尼娜事件发生时，受上升流影响秘鲁外海海域的浮游生物量显著增加（Alheit and Niquen，2004），为茎柔鱼的捕食对象提供了丰富的营养基础，间接地为茎柔鱼自身的生长和繁殖提供了良好的物质基础。同时，茎柔鱼掠食者数量下降或分布海域的转移都可为茎柔鱼生长繁殖提供一个较好的栖息环境，有助于这一海域茎柔鱼资源量的增加。例如在秘鲁外海以捕食茎柔鱼为主的黄鳍金枪鱼在拉尼娜事件发生时数量明显减少（Chavez et al.，2003）。在东南太平洋海域，抹香鲸是捕食茎柔鱼的主要掠食者之一，它们的活动被认为对加利福尼亚湾的茎柔鱼资源变化有重要影响（Jaquet et al.，2006）。在信风和上升流的影响下，东南太平洋茎柔鱼个体生长会加快（Nigmatullin et al.，2001），这也会导致茎柔鱼产量增加。

6.3.3 产卵场P_S与CPUE的关系

从图6-4中得出，2003～2010年茎柔鱼产卵场P_S与年CPUE的灰色关联度在前一年的11月、12月和当年的1月、2月较高且在时间上具有连续性，这表明当这四个月P_S较高时，对作业渔船捕捞茎柔鱼具有积极的影响作用。分析认为，由于柔鱼类是短周期生命种类，其资源变动极易受环境变化影响（Waluda and Rodhouse，2006），且茎柔鱼产卵高峰期为当年10月至翌年1月（Taipe et al.，2001），因此P_S越大越可为茎柔鱼产卵繁殖提供一个较好的生活环境，提高了幼体的存活率，有利于幼体的孵化和生长，为来年茎柔鱼资源补充量的增加提供可能。

本章以茎柔鱼作业渔场及产卵场最适表层水温范围面积数据和鱿钓产量数据为基础，分析得出茎柔鱼资源量与厄尔尼诺事件和拉尼娜事件及上升流的关系，但数据较为单一，在今后的研究工作中仍需进一步的验证，包括对茎柔鱼捕食与被捕食的关系在内的生活史阶段进行深入研究，并在研究中加入如叶绿素浓度、盐度和其他影响产卵场环境的海洋气候变化。

6.4 小　结

本章通过分析推定的茎柔鱼作业渔场范围及产卵场范围，根据环境数据分别计算作业渔场和产卵场最适表层水温范围占总面积的比例，并与 CPUE 做灰色关联分析，取得了以下主要结论：

(1)2003～2010 年 P_F和 P_S比值最大的分别集中在 9～11 月和 12 月至翌年 1 月。P_S与 Nino 1+2 SSTA 的灰色关联度要高于 P_F与 Nino 1+2 SSTA 的值，由此推测厄尔尼诺等事件对 P_S的影响较为显著。分析结果表明 P_S与 CPUE 的灰色关联度较高，在时间上呈现连续性。

(2)研究认为，拉尼娜事件会增大作业渔场最适表层水温面积比例，并形成广泛的上升流，从而有利于茎柔鱼索饵与生长，也利于茎柔鱼资源补充量的增加；反之则不利于茎柔鱼资源补充量的发生，因此认为产卵场海洋环境变化对茎柔鱼资源补充量具有重要影响作用。

第 7 章　主要结论与展望

7.1　主 要 结 论

(1)秘鲁外海茎柔鱼渔场时空分布规律。秘鲁外海茎柔鱼渔场分布范围沿海岸呈带状分布，东西窄，南北宽。东西方向集中在 81°～83°W，累计产量占总产量的 73%以上。南北向则在 10°～13°S、14°～16°S 较为集中，累计产量占总产量的 65%以上。秘鲁外海茎柔鱼渔场的渔汛集中在每年的 6 月～10 月，一般在 8 月产量达到最高。呈现明显的季节性变化，春冬两季产量高，夏秋季产量低，春冬季的产量占总产量的 63%以上。

秘鲁外海海域，不同季节中心渔场形成的各海洋环境因子最适范围有所不同。春季各环境因子的最适范围为：SST 为 19～19.5℃；SSTA 为－0.5～0.5℃；Grad 为 0.8～1.0℃/°；SSS 为 35.1‰～35.2‰；SSH 为 2～3cm；Chl-a 为 0.3～0.4mg/m^3。夏季各环境因子的最适范围分别为：SST 为 21～22℃；SSTA 为 1.0～1.4℃；Grad 为 0～0.2℃/°；SSS 为 35.3‰～35.4‰；SSH 为 0～4cm；Chl-a 为 0.25～0.3mg/m^3。秋季各环境因子的最适范围分别为：SST 为 24～24.5℃；SSTA 为－0.4～－0.2℃；Grad 为 1.2～1.4℃/°；SSS 为 35.4‰～35.5‰；SSH 为 2～4cm；Chl-a 为 0.2～0.25mg/m^3。冬季各环境因子的最适范围分别为，SST 为 18～19℃；SSTA 为－0.8～－0.4℃；Grad 为 0.8～1.2℃/°；SSS 为 35.0‰～35.1‰；SSH 为－4～－2cm；Chl-a 为 0.3～0.35mg/m^3。

(2)掌握了秘鲁外海茎柔鱼渔场时空分布规律及其影响因子。研究认为，2003～2004 年和 2006～2009 年间产量重心的分布存在一定差异，产量重心在经度上随月份整体呈现向西移动的趋势，在纬度方向上 1～6 月整体呈向北移动的趋势，7 月～12 月则表现出向南移动的趋势。聚类分析表明，2003 年、2006 年和 2008 年；2004 年、2007 年和 2009 年空间分布格局各为一类。空间距离分析表明，2006 年和 2009 年产量重心差异最大，前者平均产量重心为 82°23W′、12°53′S，后者为 81°47′W、14°27′S，南北相差约 1.5 个纬度。分析认为，渔场分布的月间变化是由茎柔鱼南北洄游引起的，年间渔场分布差异与 SST 等海洋环境关系密切。

(3)厄尔尼诺事件和拉尼娜事件对秘鲁外海茎柔鱼渔场分布的影响明显。研究认为，2006年和2009年10～12月受厄尔尼诺事件影响，作业渔场分布在79°～84°W、10°～17°S海域，最适SST为19～22℃；2007年10～12月受拉尼娜影响，作业渔场分布在81°～85°W、10°～14°S海域，最适SST为17～20℃，中心渔场作业范围相比厄尔尼诺年份向北偏移1～2°，平均SST降低2℃。各层水温分布表明，2007年10～12月T_{15}和T_{50}水温均明显高于2006年10～12月，最大温度差值为6～9℃；T_{100}和T_{200}温度差别较小，最大温度差值为1℃。水温垂直结构结果表明，2006年10～12月作业渔场未形成明显的上升流，主要分布在外洋水与沿岸水交汇处；2007年10～12月的沿岸一侧形成了势力强劲的上升流，作业渔场主要分布在上升流等温线密集交汇处。另外由于受上升流加强使水层营养盐丰富，更有利于茎柔鱼索饵，导致茎柔鱼分布也出现一定转移。因此秘鲁外海中心渔场位置的变化与厄尔尼诺事件和拉尼娜事件具有密切关系。

(4)茎柔鱼HSI动态预报模型的建立。权重求和法预测的渔场范围更为准确，HSI≥0.6的区域累计产量占总产量的92.71%，渔获频次占总渔获次数的84.95%，在HSI<0.4海域的渔获频次仅1%,。在几何平均法中，HSI在低水平内(HSI<0.4)的渔获频次为11.38%，累计产量占总产量的4.56%，均高于权重求和法的结果。两种模型重，产量均随HSI值升高而升高，在HSI为0.8～1时平均产量最高，分别为1380t和1412t。二次函数拟合结果中，权重求和法的显著性水平为0.00995，低于几何平均法的0.04196，拟合结果更为理想。可以认为本书的假设成立，即在HSI值越高的海区产量越高，在实际生产中可用权重求和法来预报渔场。

(5)分析比较智利外海、秘鲁外海和赤道公海附近海域海表面温度，以及各海域渔场分布对应的SST范围，智利和秘鲁外海呈现明显的季节性变化，而哥斯达黎加和赤道附近海域的表温季节变化较低。分析认为，智利、秘鲁外海和赤道公海附近海域茎柔鱼渔场分布对应的SST分别是15～23℃、16～25℃和24～28℃，总体上存在差异。研究认为，智利外海1～12月各月中心渔场的最适SST分别是19～22℃、20～23℃、20～23℃、19～22℃、17～19℃、17～18℃、15～17℃、15～17℃、15～17℃、16～17℃、17～18℃、18～19℃。秘鲁外海1～12月各月中心渔场的最适SST分别是21～23℃、23～25℃、23～25℃、21～24℃、20～23℃、19～21℃、17～19℃、16～18℃、16～18℃、17～19℃、18～20℃、19～21℃。赤道公海附近海域1～6月各月中心渔场最适SST分别是24～25℃、25～26℃、26～27℃、26～27℃、26～28℃、26～27℃。

信息增益表明，在智利外海，影响中心渔场分布的重要环境因子依次为

SST、T_{55}、$G_{0\sim55}$、T_{105}、$G_{55\sim105}$、$G_{105\sim205}$、T_{205}；在秘鲁外海，依次为 SST、$G_{0\sim55}$、T_{55}、T_{105}、$G_{55\sim105}$、$G_{105\sim205}$、T_{205}；在赤道公海附近海域，依次为 $G_{55\sim105}$、T_{55}、$G_{0\sim55}$、T_{105}、$G_{105\sim205}$、SST、T_{205}。智利外海和秘鲁外海影响中心渔场分布的关键环境因子基本相同，但与赤道公海附近海域略有差异。在赤道海域，其中心渔场分布与 SST 关系不明显，但与垂直温度梯度关系密切。研究认为，不同海域表征茎柔鱼中心渔场的主要环境因子是有差异的，这一差异是由其海洋环境大背景所引起的。

(6)产卵场海洋水温对茎柔鱼资源补充量影响明显。研究认为，2003～2010 年 P_F和 P_S比值最大的分别集中在 9～11 月和 12 月至翌年 1 月。P_S与 Nino 1+2 SSTA 的灰色关联度要高于 P_F与 Nino 1+2 SSTA 的值，由此推测厄尔尼诺等事件对 P_S的影响较为显著。同时，分析结果表明 P_S与 CPUE 的灰色关联度较高，在时间上呈现连续性，11 月至翌年 2 月均在 0.4 左右。研究认为，拉尼娜事件会增大作业渔场最适表层水温面积比例，并形成广泛的上升流，从而有利于茎柔鱼索饵与生长，也利于茎柔鱼资源补充量的增加；反之则不利于茎柔鱼资源补充量的发生。

7.2 存在问题与展望

(1)本书根据 2003～2010 年我国鱿钓船在秘鲁外海的茎柔鱼渔获统计数据，结合环境数据分析了茎柔鱼渔场的年间变动情况，但由于数据相对较少，造成可供研究的年份在时间上未达到很好的连续性；在数据统计方面，由于渔获记录内容不够统一规范，因此在对茎柔鱼 CPUE 进行处理时存在一定误差。在以后的研究中应当提高数据的质量，在数据统计上应当更加规范，以保证能够真实反映渔场内的资源状况。

(2)在 HSI 建模过程中采用 5 个环境因子进行综合建模分析。主成分分析过程中，第一、第二主成分分别代表了 SST、SSS 和 Grad、Chl-a，是否可以考虑在 SST+Grad+ SSS+SSH+Chl-a(综合环境指标)的基础上，增加 SST+SSS(海区温盐变化)，Grad+Chl-a(海区生产力变化)，SST+Grad+Chl-a(温度变化和叶绿素浓度变化)这几种因子的组合，全面反映渔场环境。

(3)鱼群的分布和洄游和海流的关系极为密切，秘鲁外海存在高纬度来的秘鲁海流，外海存在赤道暖流，两种海流的共同作用影响着茎柔鱼的洄游习性和集群分布。茎柔鱼是属于主动洄游还是被动漂流的还没有得到进一步的验证，若是主动洄游，是沿等温线的移动进行还是受其他环境因子影响？若是被动漂流，是随沿岸的秘鲁海流漂流还是外海的赤道暖流？这些都值得进一步探讨。

(4)茎柔鱼分布较为广泛，我国茎柔鱼渔获资料主要来自秘鲁外海，对哥斯达黎加和智利附近海域茎柔鱼生产数据获取较少，无法从整体上对茎柔鱼资源及渔场分布进行了解，因此在日后的研究中也应当对除秘鲁外海海域以外的其他海域茎柔鱼资源分布进行研究，以保证对其资源和渔场分布的整体把握。

(5)在分析茎柔鱼渔场与海洋环境变化之间的关系时，只研究了SST、深层水温以及上升流和海洋气候变化对茎柔鱼资源量的影响，并简要分析了产卵场环境变化对其资源补偿量的影响，但目前对茎柔鱼的种群结构仍不是很清楚，所以无法对其各种群的资源分布进行有效的评估。另外，叶绿素浓度、盐度等其他一些环境因子是否对茎柔鱼渔场和资源的分布具有影响作用也应该加入以后的研究当中。

(6)茎柔鱼作为东太平洋重要的头足类资源，对其进行合理的利用和开发十分必要。但由于我们对其种群结构和生活史过程还没有完全掌握，对其资源变动与海洋环境因子相互影响的机理还不很清楚，比如厄尔尼诺事件和拉尼娜事件是如何影响茎柔鱼资源量和渔场时空变化，这对人们充分合理开发和利用这一资源提出了问题。为可持续利用茎柔鱼资源，应加大世界各国的合作，加强物理海洋学、海洋遥感、地理信息系统、渔业资源和渔业海洋学等多学科的合作，对茎柔鱼的生活史全过程进行分析研究，重点是把握幼体、仔稚鱼等不同生命阶段中海洋环境对其生长与死亡的影响，只有这样才能进一步提高海洋环境变化对茎柔鱼资源补充量的预测精度，为茎柔鱼资源的可持续利用提供科学依据。

参考文献

陈思行. 1998. 公海跨界鱼类资源的开发利用[J]. 海洋渔业，(1)：38-42.

陈新军. 2003. 灰色系统在渔业科学中应用[M]. 北京：中国农业出版社.

陈新军，曹杰，田思泉，等. 2010. 表温和黑潮年间变化对西北太平洋柔鱼渔场分布的影响[J]. 大连水产学院学报，25(2)：119-126.

陈新军，冯波，许柳雄. 2008. 印度洋大眼金枪鱼栖息地指数研究及其比较[J]. 中国水产科学，15(2)：269-278.

陈新军，刘必林，王尧耕. 2009. 世界头足类[M]. 北京：海洋出版社.

陈新军，钱卫国，许柳雄. 2003. 北太平洋 150°～165°E 海域柔鱼重心渔场的年间变动[J]. 湛江海洋大学学报，23(3)：26-32.

陈新军，赵小虎. 2005. 智利外海茎柔鱼产量分布及其与表温的关系[J]. 海洋渔业，27(2)：173-176.

陈新军，赵小虎. 2006. 秘鲁外海茎柔鱼产量分布及其与表温的关系初步研究[J]. 上海水产大学学报，15(11)：65-70.

董立岩，李真，周灵艳. 2010. 特定信息增益决策森林分类器研究[J]. 计算机工程与应用，46(26)：111-113.

郭南麟，陈雪忠，陈思行，等. 1996. 发展我国南极磷虾渔业的探讨[J]. 海洋渔业，(2)：58-66.

胡振明，陈新军. 2008. 秘鲁外海茎柔鱼渔场分布与表温及表温距平值关系的初步探讨[J]. 海洋湖沼通报，(4)：56-62.

胡振明，陈新军，周应祺. 2009. 秘鲁外海茎柔鱼渔场分布和水温结构的关系[J]. 水产学报，33(5)：770-777.

胡智喜，唐学忠. 2006. 基于信息增益法的决策树构造方法[J]. 计算机与现代化，(3)：28-30.

柯欣玮. 2007. 东太平洋美洲大赤鱿资源现况简介[J]. 国际渔业资讯，(172)：47-53.

李纲，贾涛，刘必林，等. 2011. 哥斯达黎加外海茎柔鱼生物学特性初步研究[J]. 上海海洋大学学报，20(2)：270-274.

刘必林，陈新军，钱卫国，等. 2010. 智利外海茎柔鱼繁殖生物学初步研究[J]. 上海海洋大学学报，19(1)：68-73.

马金，陈新军，刘必林，等. 2009. 西北太平洋柔鱼耳石形态特征分析[J]. 中国海洋大学学报，39(2)：215-220.

缪圣赐. 2000. 日本远洋大型鱿钓船在秘鲁外海生产茎柔鱼情况[J]. 远洋渔业，19(6)：4-13.

钱卫国，陈新军，郑波，等. 2008. 智利外海茎柔鱼资源密度分布与渔场环境的关系[J]. 上海水产大学学报，17(1)：98-103.

汤国安，杨昕. 2006. ArcGIS 地理信息系统空间分析实验教程[M]. 北京：科学出版社.

唐逸民. 1997. 海洋学[M]. 北京：中国农业出版社.

王家樵. 2006. 基于分位数回归的印度洋大眼金枪鱼栖息地指数模型研究[D]. 上海：上海水产大学硕士学位论文.

王尧耕，陈新军. 2005. 世界大洋性经济柔鱼类资源及其渔业[M]. 北京：海洋出版社.

叶旭昌. 2002. 2001年秘鲁外海和哥斯达黎加外海茎柔鱼探捕结果及其分析[J]. 海洋渔业，24(4)：165-168.

叶旭昌. 2004. 秘鲁外海茎柔鱼生物学和渔场初步研究[D]. 上海：上海水产大学.

叶旭昌，陈新军. 2007. 秘鲁外海茎柔鱼胴长组成及性成熟初步研究[J]. 上海水产大学学报，16(4)：347-350.

于杰，李永振. 2007. 海洋渔业遥感技术及其渔场渔情应用进展[J]. 南方水产，3(1)：62-68.

张建通，孙昌言. 2005. 以Excel和SPSS为工具的管理统计[M]. 北京：清华大学出版社.

张文霖. 2005. 主成分分析在SPSS中的操作应用[J]. 市场研究，12：31-34.

张新军，杨军勇，连大军. 2005. 秘鲁外海茎柔鱼资源及渔业开发[J]. 齐鲁渔业，22(3)：44-45.

赵海霞，武建. 2009. 浅析主成分分析法[J]. 科技信息，2：87-87.

周金官，陈新军，刘必林. 2008. 世界头足类资源开发利用现状及其潜力[J]. 海洋渔业，30(3)：268-275.

Alheit J，Niquen M. 2004. Regime shifts in the Humboldt Current ecosystem [J]. Progress In Oceanography，60(2)：201-222.

Anatolio T，Carmen Y，Mariategui L，et al. 2001. Distribution and concentrations of jumbo flying squid (*Dosidicus gigas*) off the Peruvian coast between 1991 and 1999[J]. Fisheries Research，54(1)：21-32.

Anderson C I H，Rodhouse P G. 2001. Life cycles，oceanography and variability：*Ommastrephid squid* in variable oceanographic environments[J]. Fisheries Research，54(1)：133-143.

Andrew J K，Jonathan B H. 2006. Development and evaluation of habitat models at multiple spatial scales：a case study with the dusky flycatcher[J]. Forest Ecology & Management，29(1)：161-169.

Argelles J，Rodhouse P G，Villegas P，et al. 2001. Age，growth and population structure of jumbo flying squid *Dosdicus gigas* in Peruvian waters[J]. Fisheries Research，54(1)：51-61.

Arkhipkin A I，Bizikov V A. 1997. Statolith shape and microstructure in studies of systematic，age and growth in planktonic paralarvae of gonatid squids(Cephalopoda，Oegopsida) from the western Bering Sea [J]. Journal of Plankton Research，19(12)：1993-2030.

ArkhiPkin A I，Bjùrke H. 1999. Ontogenetic changes in morphometric and reproductive indices of the squid *Gonatus fabricii*(Oegopsida，Gonatidae) in the Norwegian Sea[J]. Polar Biology，22(6)：357-365.

Arkhipkin A I，Middleton D A J，Sirota A M，et al，2004. The effect of Falkland Current inflows on offshore ontogenetic migrations of the squid *Loligo gahi* on the southern shelf of the Falkland Islands[J]. Estuarine，Coasta and Shelf Science，60(1)：11-22.

Benjamin K J. 1998. A strategy for simulating brown trout population dynamics and habitat quality in an urbanizing watershed[J]. Ecological Modelling，112：151-167.

Caballero-Alfonso A M，Ganzedo U，Santana A T，et al. 2010. The role of climatic variability on the short-term fluctuations of octopus captures at the Canary Islands[J]. Fisheries Research，102：258-265.

Caddy J F，Rodhouse P G. 1998. Do recent trends in cephalopod and groundfish landings indicate widespread ecological change in global fisheries[J]. Fish Biology and Fisheries，8：431-444.

Cairistion I H A，Rodhouse P G. 2001. Life cycles，oceanography and variability：Ommastrephid squid in variable oceanographic environments[J]. Fisheries research，54(1)：133-143.

Cao J，Chen X J，Chen Y. 2009. Influence of surface oceanographic variability on abundance of the western winter-spring cohort of neon flying squid *Ommastrephes bartramii* in the NW Pacific Ocean[J]. Marine Ecology Progress Series, 381: 119-127.

Catarina V R, Vanessa F, Henrique C. 2006. Habitat suitability index models for the juvenile soles, *Solea solea* and *Solea senegalensis*, in the Tagus estuary: defining variables for species management [J]. Fisheries Research, 82: 140-149.

Chavez F P, Ryan J, Lluch-Cota S E, et al. 2003. From anchovies to sardines and back: multidecadal change in the Pacific Ocean[J]. Science, 299(5604): 217-221.

Chen X J, Zhao X H, Chen Y. 2007. El Niño/La Niña influence on the Western Winter-Spring Cohort of neon flying squid (*Ommastrephes bartarmii*) in the northwestern Pacific Ocean[J]. Ices Journal of Marine Science, 64: 1152-1160.

Choi K, Lee C L, Hwang K, et al. 2008. Distribution and migration of Japanese common squid, *Todarodes pacificus*, in the southwestern part of the East (Japan) Sea[J]. Fisheries Research, 91(2): 281-290.

Daniel G, Timothy G, Ulrike Z. 2006. GIS-based modeling of spawning habitat suitability for walleye in the Sandusky River, Ohio, and implications for dam removal and river restoration [J]. Ecological Engineering, 28 (3): 311-323.

Dawe E G, Colbourne E B, Drinkwater K F. 2000. Environmental effects on recruitment of short-finned squid (*Illex illecebrosus*)[J]. Marine Science, 57(2): 1002-1013.

Dawe E G, Hendrickson L C, Colbourne E B, et al. 2007. Ocean climate effects on the relative abundance of short-finned (*Illex illecebrosus*) and long-finned squid(*Loligo pealeii*) in the northwest Atlantic Ocean [J]. Fish Oceanogr, 16(4): 303-316.

Donovan M L, Rabe D L, Andolson C E. 1987. Use of geographic information systems to develop habitat suitabllity models[J]. Wildlife Society Bulletin, (15) : 574-579.

FAO. 1997. Review of the status of world fishery resources: Marine fisheries[R]. Fisheries FAO Fisheries Circular No. 920 FIR NVC920.

FAO. 2007. FAO Yearbook of Fisheries Statistics[M]. Rome: Food and Agricultural Organization of the United Nations.

Hernández-López J L, Castro-Hernández J J, Hernández-Carcía V. 2001. Age determined from the daily deposition of concentric rings on common octopus (*Octopus vulgaris*) beaks[J]. Fish Bull, 99: 679-684.

Ichii T, Mahapatra K, Watanabe T, et al. 2002. Occurrence of jumbo flying squid *Dosidicus gigas* aggregations associated with the countercurrent ridge off the Costa Rica Dome during 1997 El Niño and 1999 La Niña[J]. Marine Ecology Progress Series, 231: 151-166.

Ito K. 2007. Studies on migration and causes of stock size fluctuations in the northern Japanese population of spear squid, *Loligo bleekeri*. Bull[J]. Fisheries Research, 5: 11-75.

Jacobson L D. 2005. Longfin Inshore Squid, *Loligo pealeii*, Life History and Habitat Characteristics[M]. American: NOAA Tech, 193: 13-42.

Jaquet N, Gendron D, Coakes A. 2006. Sperm whales in the Gulf of California: residency, movements, behavior, and the possible influence of variation in food supply [J]. Marine Mammal Science, 19 (3): 545-562.

Kishi M J, Nakajima K, Fujii M, et al. 2009. Environmental factors which affect growth of Japanese common squid, *Todarodes pacificus*, analyzed by a bioenergetics model coupled with a lower trophic ecosystem model[J]. Marine Systems, 78(2): 278-287.

Koueta N, Andrade J P, Boletzky S V, et al. 2006. Morphometrics of hard structures in cuttlefish[J]. Vie Et Milieu-life and Environment, 56(2): 121-127.

Kuroiwa M. 1998. Exploration of the jumbo squid, *Dosidicus gigas*, resources in the Southeastern Pacific Ocean with notes on the history of jigging surveys by the Japan Marine Fishery Resources Research Center. In: Okutani, T, (Ed.), Large Pelagic Squids[R]. Tokyo: Japan Marine Fishery Resources Research Center, 89-105.

Lee C I. 2003. Relationship between variation of the Tsushima Warm current and current circulation in the East Sea[D]. Pukyong: Pukyong National University.

Leitea T S, Haimovici M, Mather J, et al. 2009. Habitat, distribution, and abundance of the commercial octopus (*Octopus insularis*) in a tropical oceanic island, Brazil: Information for management of an artisanal fishery inside a marine protected area[J]. Fisheries Research, 98: 85-91.

Leta H R. 1992. Abundance and dstnbution of rhynchoteuthlon larvae of *Illex argentinus* (Cephalopoda: Ommastrephidae) in the South-Western Atlantic [J]. South African Journal of Marine Science, 12: 927-941.

Mann K H, Lazier J R N. 1991. Dynamics of Marine Ecosystems[M]. Oxford: Blackwell.

Mariategui L, Tafur R, Dominguez N, et al. 1998. Distribution, capture and CPUE of big squid *Dosidicus gigas* on squid ships : July 27th to August 26th, 1997[J]. Informe Progresivo- Instituto del Mar del Peru, 75: 25-50.

Markaida U. 2006. Population structure and reproductive biology of jumbo squid *Dosidicus gigas* from the Gulf of California after the 1997-1998 El Niño event[J]. Fisheries Research, 79(1): 28-37.

Markaida U, Velazquez C Q, Nishizaki Q S. 2004. Age, growth and maturation of jumbo squid *Dosidicus gigas* (Cephalopoda: Ommastrephidae) from the Gulf of California, Mexico[J]. Fisheries Research, 66 (1): 31-47.

Miles A S, Brian J R, Allan R. 2005. Using commercial landings data to identify environmental correlates with distributions of fish stocks[J]. Fisheries Oceanography, 14(1): 47-63.

Moron O. 2000. Caracteristicas del ambiente marino frente a la costa Peruana[J]. Boletin de la Sociedad Chilena de Quimica, 19: 179-204.

Murphy E J, Rodhouse P G. 1999. Rapid selection in a short-lived semelparous squid species exposed to exploitation: inferences from the optimisation of life-history functions [J]. Evolutionary Ecology, 13: 517-537.

Nesis K N. 1983. *Dosidicus gigas*[M]// Boyle P R. Cephalopod Life Cycles, Vol. 1. Species Accounts. London: Academic Press[C]. 216-231.

Nevárez-Martínez M O, Hernández-Herrera A, Morlaes-Bojorquez E, et al. 2000. Biomass and distribution of the jumbo squid (*Dosidicus gigas*; d'Orbigny, 1835) in the Gulf of California, Mexico[J]. Fisheries Research, 49: 129-140.

Nigmatullin C M, Nesis K N, Arkhipkin A I. 2001. A review of biology of the jumbo squid *Dosidicus gigas* (Cepalopoda: Ommastrephedae)[J]. Fisheries Research, 54(1): 9-19.

Niquen M, Bouchon M, Cahuin S, et al. 2014. Effectors del fenomeno El Niño 1997-1998 sobre los principales recursos pelagicos en la costa peruana, 1999[J]. Rev. Peru. Biol, 6(3): 85-96.

Olsona R J, Roman-Verdesotoa M H, Macias-Pita G L. 2006. Bycatch of jumbo squid *Dosidicus gigas* in the tuna purse-seine fishery of the eastern Pacific Ocean and predatory behaviour during capture[J]. Fisheries research, 79(1-2): 48-55.

O'Dor R K. 1992. Big squid in big currents[J]. South African Journal of Marine Science, 12: 225-235.

Paul D E, Geoff J M. 2003. Introducing greater ecologica1 realism to fish habitat models[J]. GIS/SPatia1 Analyses in Fishery and Aquatic Sciences, (2): 18-198.

Quinn T J, Deriso R B. 1999. Quantitative Fish Dynamics[M]. New York: Oxford University Press.

Ricardo T, Piero V, Miguel R, et al. 2001. Dynamics of maturation, seasonality of reproduction and spawning grounds of the jumbo squid *Dosidicus gigas* (Cephalopoda: Ommastrephidae) in Peruvian waters [J]. Fisheries Research, 54(1): 33-50.

Robert J O, Román-Verdesotoa M H, Macías-Pita G L. 2006. Bycatch of jumbo squid *Dosidicus gigas* in the tuna purse-seine fishery of the eastern Pacific Ocean and predatory behaviour during capture[J]. Fisheries Research, 79(1-2): 48-55.

Rodhouse P G. 2001. Managing and forecasting squid fisheries in variable environments[J]. Fisheries Research, 54(1): 3-8.

Rodhouse P G. 2006. Trends and assessment of cephalopod fisheries[J]. Fisheries Research, 78: 1-3.

Roper C F E. 1983. An overview of cephalopod systematics, status, problems and recommendations[J]. Memoirs of the National Museum, Victoria, 44: 13-27.

Roper C F E, Sweeney M J, Nauen C E. 1984. An annotated and illustrated catalogue of species of interest to sheries[R]. Cephalopods of the world. FAO Fisheries Synopsis, 125 (3): 277.

Sakurai Y, Kiyofuji H, Saitoh S, et al. 2000. Changes in inferred spawning areas of *Todarodes pacificus* (Cephalopada: Ommastrephidae) due to changing environmental conditions[J]. Ices Journal of Marine Science, 57: 24-30.

Santos M B, Clarke M R, Pierce G J. 2001. Assessing the importance of cephalopods in the diets of marine mammals and other top predators: problems and soluions[J]. Fisheries Research, 52(2): 121-139.

Simone V, Graziano C, Remigio R, et al. 2007. A comparative analysis of three habitat suitability models for commercial yield estimation of Tapes philippinarum in a North Adriatic coastal lagoon (Sacca di Goro, Italy)[J]. Marine Pollution Bulleti, 55 (10) : 579-590.

Sonja H. 2007. Jumbo flying squid (*Dosidicus gigas*) [C]. Mbari: information describing *Dosidicus gigas* fisheries relating to the South Pacific Fisheries Management Organization.

Tafur R, Villegas P, Rabi M, et al. 2001. Dynamics of maturation, seasonality of reproduction and spawning grounds of the jumbo squid *Dosidicus gigas* (Cephalopoda: Ommastrephidae) in Peruvian waters [J]. Fisheries research, 54(1): 33-50.

Taipe A, Yamashiro C, Mariategui L, et al. 2001. Distribution and concentrations of jumbo flying squid (*Dosidicus gigas*) off the Peruvian coast between 1991 and 1999[J]. Fisheries Research, 54(1): 21-32.

Tian Y J. 2009. Interannual-interdecadal variations of spear squid *Loligo bleekeri* abundance in the southwestern Japan Sea during 1975-2006: Impact of the trawl fishing and recommendations for management under the different climate regimes[J]. Fisheries Research, 100: 78-85.

U. S. Fish, Wildlife Service. 1980a. Habitat as abasis for environmental assessment. USDI Fish and Wildife Service. Division of Ecological Services. ESM 101.

U. S. Fish, Wildlife Service. 1980b. Habitatevaluation procedures (HEP). USDI Fish and Wildife Service. Division of Ecological Services. ESM 102.

U. S. Fish, Wildlife Service. 1980c. Standards fordevelopment of HSI models:. USDI Fish and Wildife Service. Division of Ecological Services. ESM 103.

Vasilis D V, Stratis G, Argyris K, et al. 2004. A GIS environmental modelling approach to essential fish habitat designation[J]. Ecological Modelling, 178: 417-427.

Villanueva R. 2000. Effect of temperature on statolith growth of the European squid *Loligo vulgaris* during early life[J]. Marine Biology, 136: 449-460.

Voss G L. 1973. Cephalopod resources of the world [J]. FAO Fish Circ, 149: 1-75.

Waluda C M, Carmen Y, Paul G R. 2006. Influence of the ENSO cycle on the light-fishery for *Dosidicus gigas* in the Peru Current: an analysis of remotely sensed data[J]. Fisheries Research, 79(1-2): 56-63.

Waluda C M, Trathan P N, Rodhouse P G. 1999. Influence of oceanographic variability on recruitment in the *Illex argentinus* (Cephalopoda: Ommastrephidae) fishery in the South Atlantic[J]. Marine Ecology Progress Series, 183: 159-167.

Waluda C M, Rodhouse P G. 2005. *Dosidicus gigas* fishing grounds in the Eastern Pacific as revealed by satellite imagery of the light-fishing fleet[J]. Phuket Marine Biology Center Research Bull, 66: 321-328.

Waluda C M, Rodhouse P G. 2006. Remotely sensed mesoscale oceanography of the Central Eastern Pacific and recruitment variability in *Dosidicus gigas*[J]. Marine Ecology Progress Series, 310: 25-32.

Waluda C M, Yamashiro C, Elvidge C D. 2004. Quantifying light-fishing for *Dosidicus gigas* in the eastern Pacific using satellite remote sensing[J]. Remote Sensing of Environment, 91(2): 129-133.

Yamashiro C, Mariategui L, Rubio J, et al. 1998. Jumbo flying squid fishery in Peru[J]. Japan Marine Fishery Resources Research Center, 269: 119-125.

附录一　各季节环境因子 SI 表达式

春季环境因子 SI 表达式

$$SI_{SST}=\begin{cases}0.308SST-4.923, & SST\in[16, 19.25]\\ -0.364SST+8.008, & SST\in[19.25, 22]\end{cases}$$

$$SI_{SSTA}=\begin{cases}0.392SSTA+0.902, & SSTA\in[-2.5, 0.25]\\ -0.952SSTA+1.235, & SSTA\in[0.25, 1.3]\end{cases}$$

$$SI_{Grad}=\begin{cases}2Grad-0.8, & Grad\in[0.4, 0.9]\\ -1.111x+2, & Grad\in[0.9, 1.8]\end{cases}$$

$$SI_{SSS}=\begin{cases}3.077SSS-107.080, & SSS\in[34.8, 35.125]\\ -3.636SSS+128.714, & SSS\in[35.125, 35.4]\end{cases}$$

$$SI_{SSH}=\begin{cases}0.105SSH+0.735, & SSH\in[-7, 2.5]\\ -0.222SSH+1.554, & SSH\in[2.5, 7]\end{cases}$$

$$SI_{Chl\text{-}a}=\begin{cases}6.667Chl\text{-}a-1.333, & Chl\text{-}a\in[0.2, 0.35]\\ -4Chl\text{-}a+2.4, & Chl\text{-}a\in[0.35, 0.55]\\ -0.571Chl\text{-}a+0.514, & Chl\text{-}a\in[0.55, 0.9]\end{cases}$$

夏季环境因子 SI 表达式

$$SI_{SST}=\begin{cases}0.4SST-7.6, & SST\in[19, 21.5]\\ -0.222SST+5.772, & SST\in[21.5, 26]\end{cases}$$

$$SI_{SSTA}=\begin{cases}0.231SSTA+0.323, & SSTA\in[-1.2, -0.1]\\ 3.5SSTA+0.65, & SSTA\in[-0.1, 0.1]\\ -SSTA+1.1, & SSTA\in[0.1, 0.6]\end{cases}$$

$$SI_{Grad}=\begin{cases}2Grad-1.4, & Grad\in[0.7, 1.2]\\ -1.429Grad+2.715, & Grad\in[1.2, 1.9]\end{cases}$$

$$SI_{SSS}=\begin{cases}2.857SSS-99.995, & SSS\in[35, 35.35]\\ -2.857SSS+102, & SSS\in[35.35, 35.7]\end{cases}$$

$$SI_{SSH}=\begin{cases}0.125SSH+0.75, & SSH\in[-6, 2]\\ -0.1SSH+1.2, & SSH\in[2, 12]\end{cases}$$

$$SI_{Chl\text{-}a}=\begin{cases}5.714Chl\text{-}a-0.571, & Chl\text{-}a\in[0.1, 0.275]\\ -3.077Chl\text{-}a+1.846, & Chl\text{-}a\in[0.275, 0.6]\end{cases}$$

秋季环境因子 SI 表达式

$$SI_{SST}=\begin{cases}0.64SST-12.8, & SST\in[20, 21.25]\\ -0.457SST+10.740, & SST\in[21.25, 23.5]\\ SST-23.5, & SST\in[23.5, 24.5]\\ 0.286SST+8, & SST\in[24.5, 28]\end{cases}$$

$$SI_{SSTA}=\begin{cases}2.5SSTA+1.25, & SSTA\in[-0.5, -0.3]\\ -0.583SSTA+0.325, & SSTA\in[-0.3, 0.3]\\ 4.25SSTA-1.125, & SSTA\in[0.3, 0.5]\\ -5SSTA+3.5, & SSTA\in[0.5, 0.7]\end{cases}$$

$$SI_{Grad}=\begin{cases}0.769Grad, & Grad\in[0, 1.3]\\ -1.429Grad+2.857, & Grad\in[1.3, 2]\end{cases}$$

$$SI_{SSS}=\begin{cases}2.222SSS-77.778, & SSS\in[35, 35.45]\\ -4SSS+142.8, & SSS\in[35.45, 35.7]\end{cases}$$

$$SI_{SSH}=\begin{cases}0.125SSH+0.5, & SSH\in[-4, 4]\\ -0.077SSH+1.309, & SSH\in[4, 17]\end{cases}$$

$$SI_{Chl\text{-}a}=\begin{cases}8Chl\text{-}a-0.8, & Chl\text{-}a\in[0.1, 0.225]\\ -5.714Chl\text{-}a+2.286, & Chl\text{-}a\in[0.225, 0.4]\end{cases}$$

冬季环境因子 SI 表达式

$$SI_{SST}=\begin{cases}0.5SST-8.25, & SST\in[16.5, 18.5]\\ -0.25SST+5.625, & SST\in[18.5, 22.5]\end{cases}$$

$$SI_{SSTA}=\begin{cases}SSTA+1.7, & SSTA\in[-1.7, -0.7]\\ -0.714SSTA+0.5SSTA, & SSTA\in[-0.7, 0.7]\end{cases}$$

$$SI_{Grad}=\begin{cases}1.25Grad-0.25, & Grad\in[0.2, 1]\\ -Grad+2, & Grad\in[1, 2]\end{cases}$$

$$SI_{SSS}=\begin{cases}6.667Grad-232.667, & SSS\in[34.9, 35.05]\\ -2.222SSS+78.881, & SSS\in[35.05, 35.5]\end{cases}$$

$$SI_{SSH}=\begin{cases}0.2SSH+1.6, & SSH\in[-8, -3]\\ -0.067SSH+0.8, & SSH\in[-3, 12]\end{cases}$$

$$SI_{Chl\text{-}a}=\begin{cases}8Chl\text{-}a-1.6, & Chl\text{-}a\in[0.2, 0.325]\\ -3.636Chl\text{-}a+2.182, & Chl\text{-}a\in[0.325, 0.6]\end{cases}$$

附录二　2003 年 HSI 分布图

权重求和法

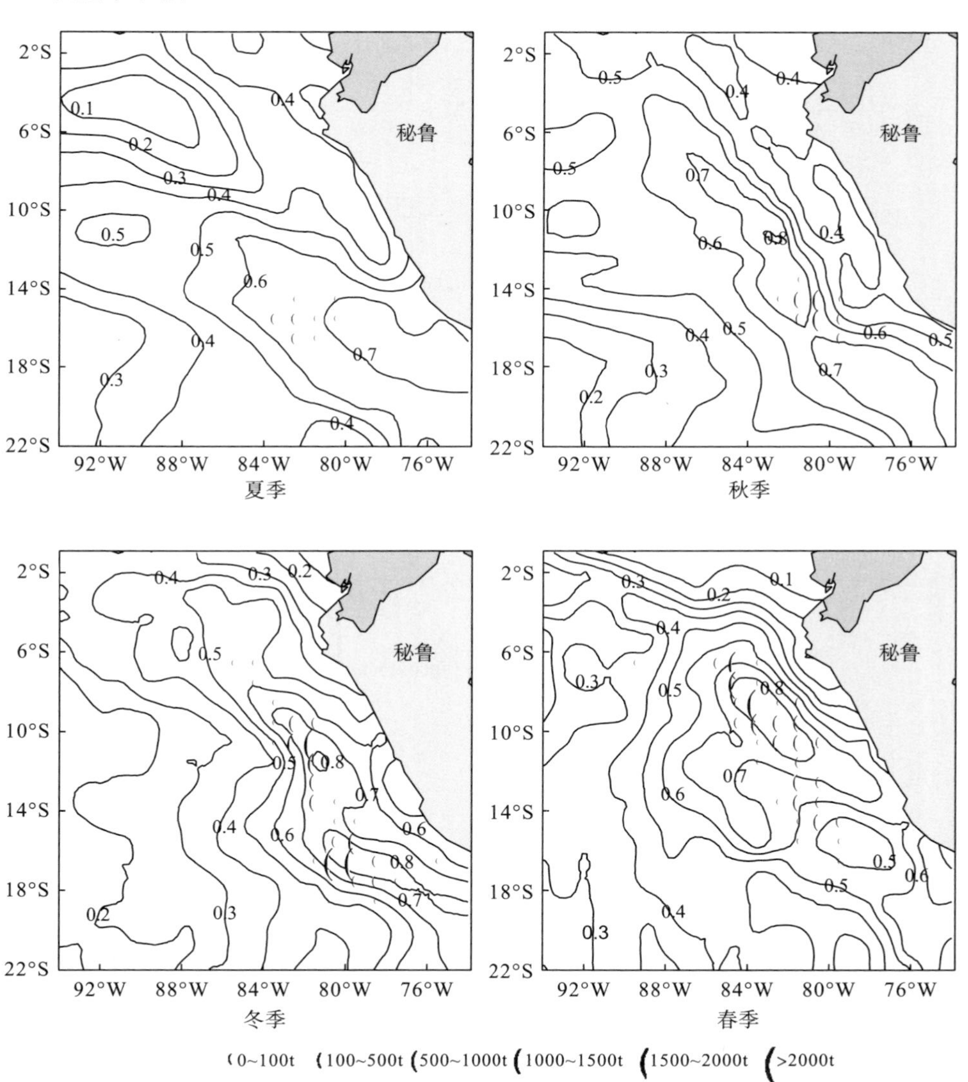

几何平均法

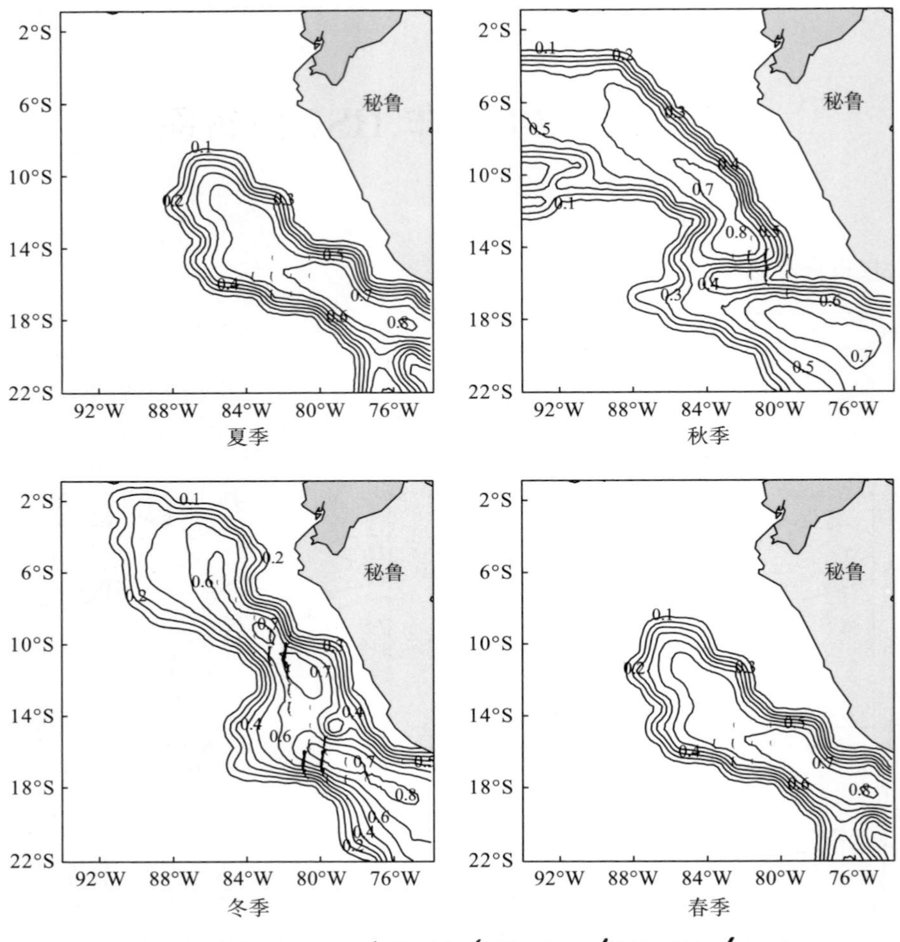

2°S
6°S
10°S
14°S
18°S
22°S
92°W 88°W 84°W 80°W 76°W
秘鲁
夏季
秋季
冬季
春季
0~100t
100~500t
500~1000t
1000~1500t
1500~2000t
>2000t

附录三　2004 年 HSI 分布图

权重求和法

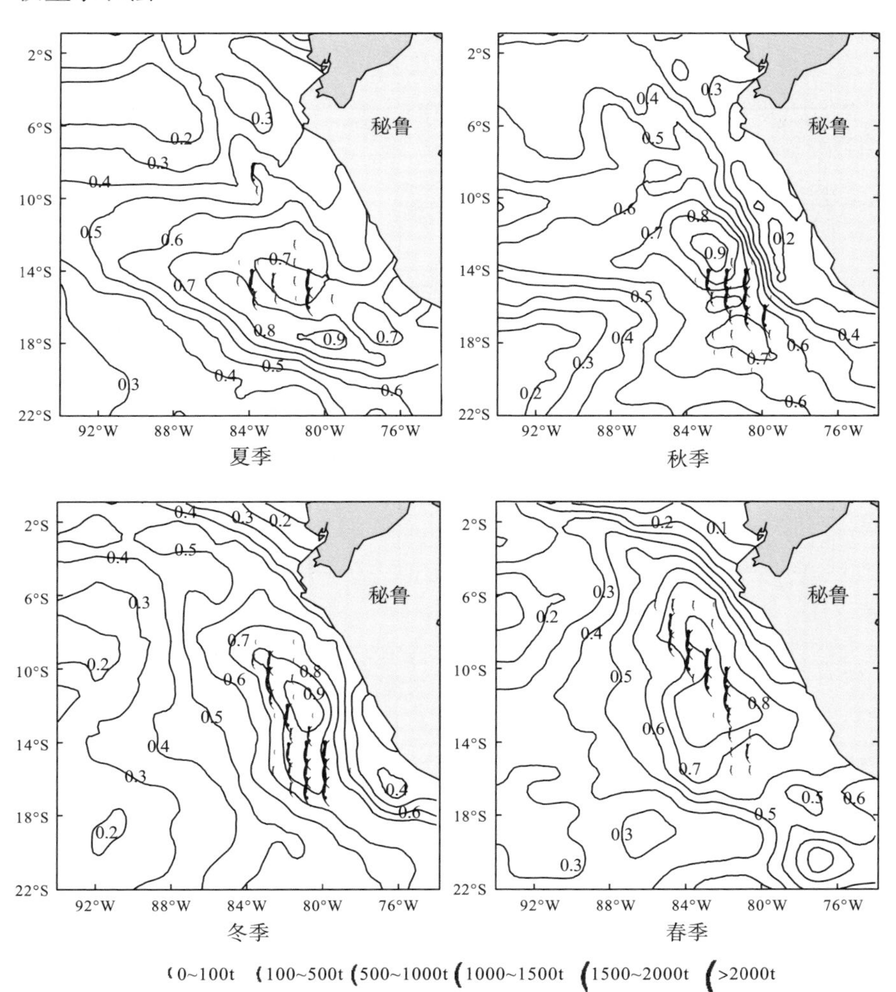

几何平均法

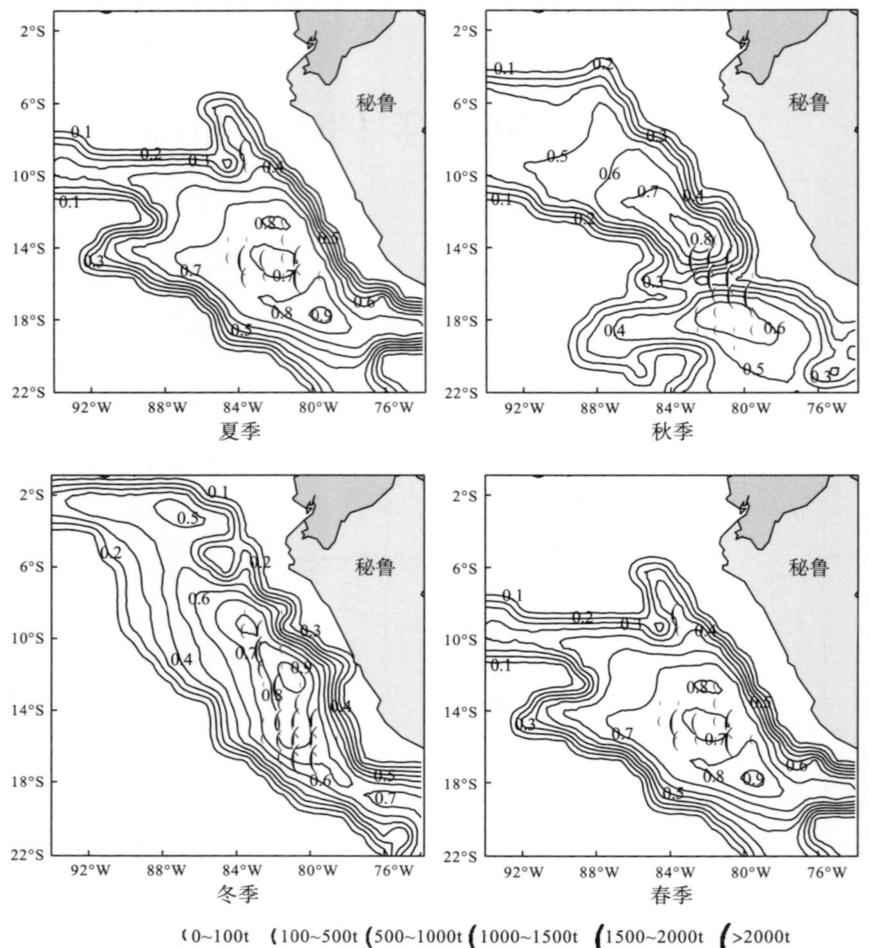
秘鲁
夏季
秋季
冬季
春季
2°S
6°S
10°S
14°S
18°S
22°S
92°W
88°W
84°W
80°W
76°W
0~100t
100~500t
500~1000t
1000~1500t
1500~2000t
>2000t

附录四　2005 年 HSI 分布图

权重求和法

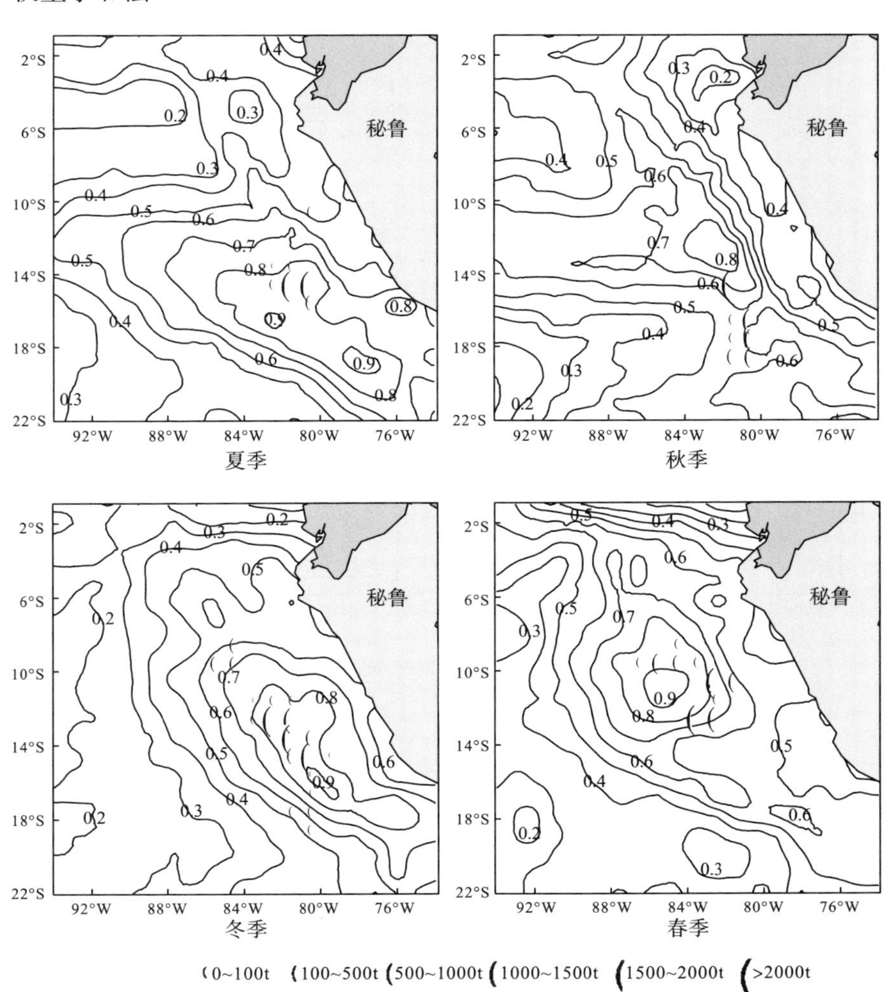

几何平均法

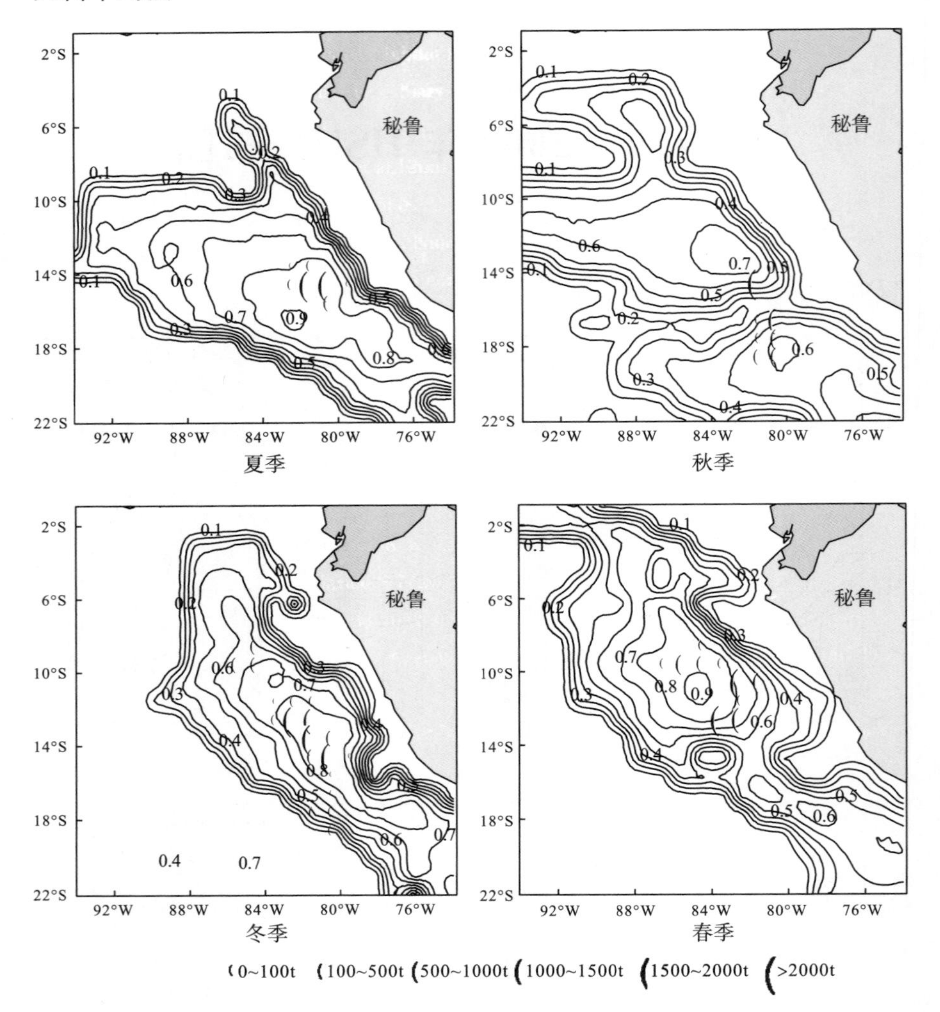
秘鲁
夏季
秋季
冬季
春季
0~100t
100~500t
500~1000t
1000~1500t
1500~2000t
>2000t

附录五　2006 年 HSI 分布图

权重求和法

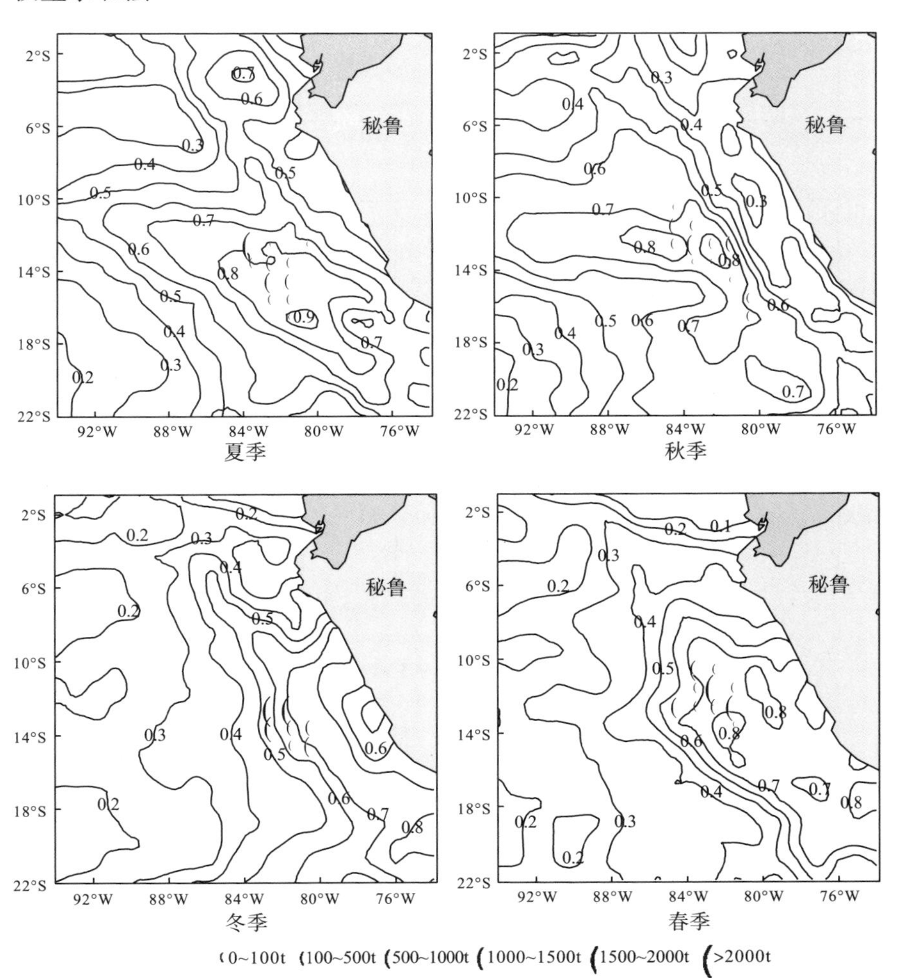

几何平均法

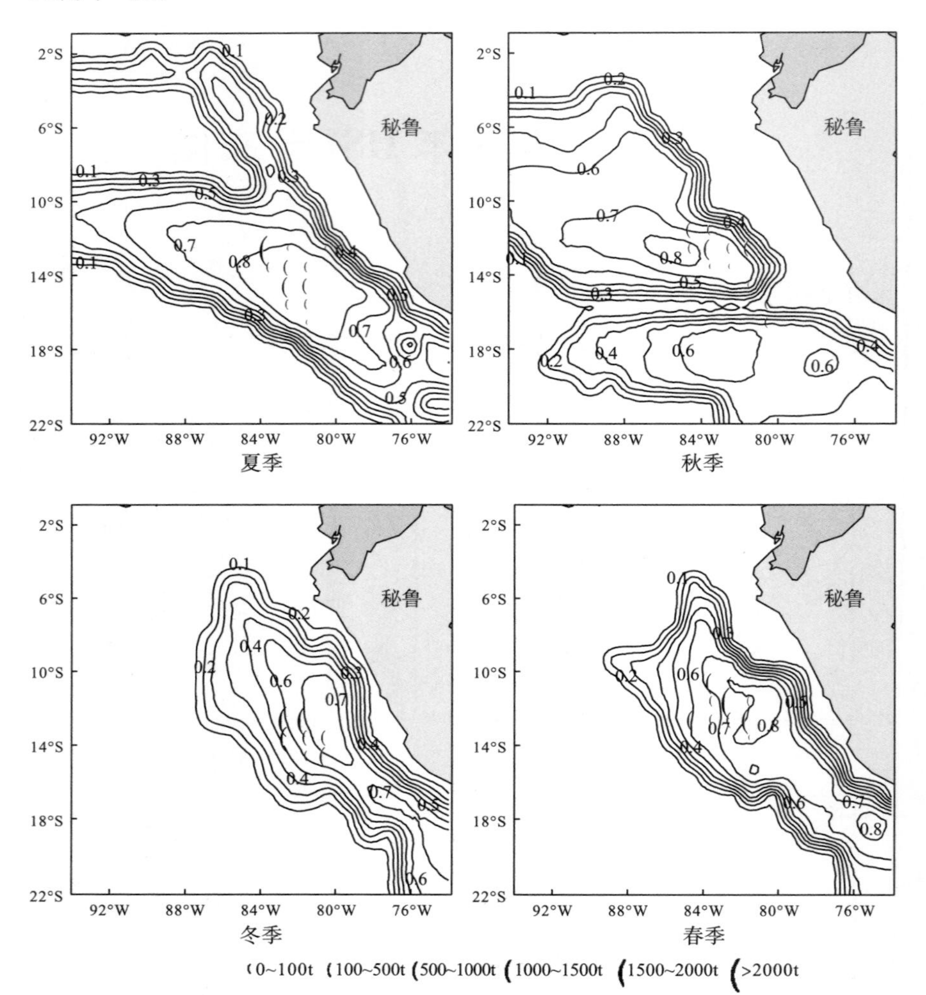
秘鲁
夏季
秋季
冬季
春季
2°S
6°S
10°S
14°S
18°S
22°S
92°W
88°W
84°W
80°W
76°W
0~100t
100~500t
500~1000t
1000~1500t
1500~2000t
>2000t

附录六　2007 年 HSI 分布图

权重求和法

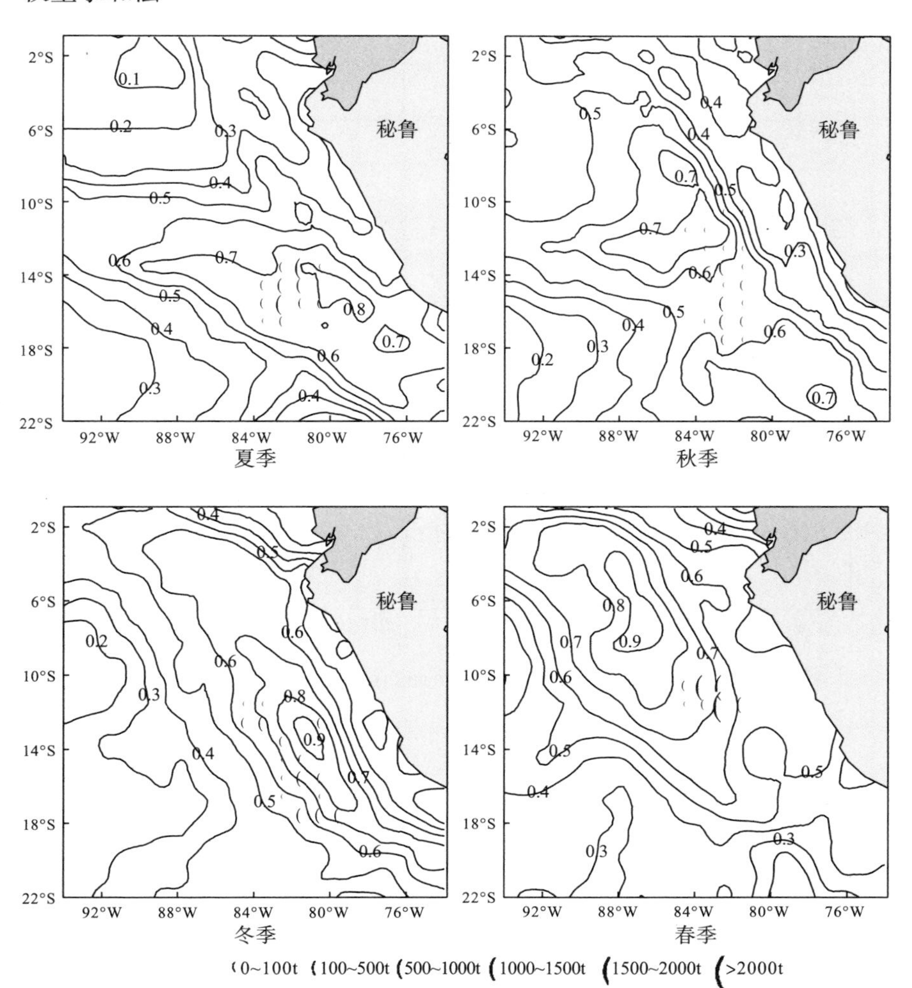

几何平均法

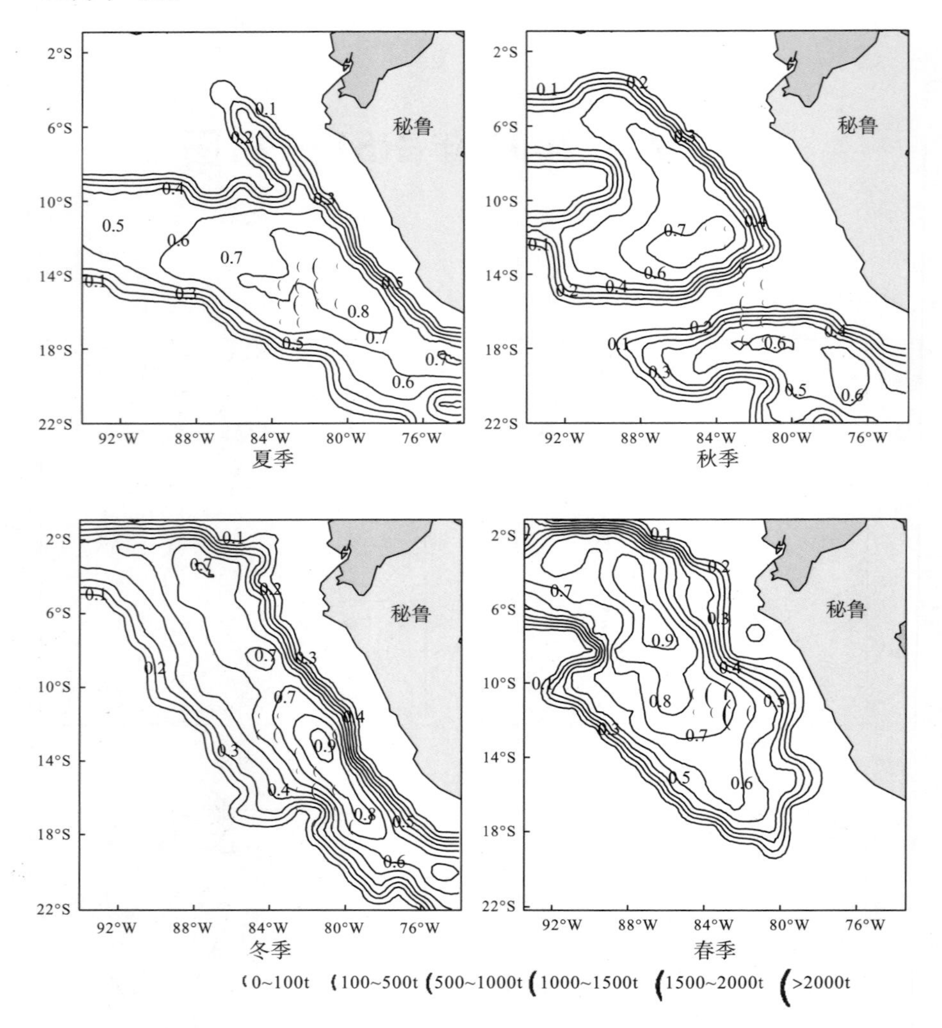

秘鲁
2°S
6°S
10°S
14°S
18°S
22°S
92°W
88°W
84°W
80°W
76°W
夏季
秋季
冬季
春季
0~100t
100~500t
500~1000t
1000~1500t
1500~2000t
>2000t